CRONICAS DE AMERICA

historia 16

GONZALO FERNANDEZ DE OVIEDO

Sumario de la natural historia de las Indias

Edición de Manuel Ballesteros

historia 16

Director de colección: Manuel Ballesteros Gaibrois.
Edición, introducción y notas: Manuel Ballesteros Gaibrois.
Primera edición: Mayo de 1986.
Diseño colección: Neslé Soulé.
© Historia 16, 1986 - Información y Revistas, S. A.
   Hermanos García Noblejas, 41
   28037 Madrid.
I.S.B.N.: 84-7679-005-8
Depósito legal: M. 15.042-1986
Impreso en España - *Printed in Spain*
Fotocomposición: VIERNA, S. A. Drácena, 38. 28016 Madrid.
Impresión y encuadernación: HEROES, S. A. Torrelara, 8. 28016 Madrid.

SUMARIO DE LA NATURAL
HISTORIA DE LAS INDIAS

INTRODUCCION

Es ya casi un tópico que no se puede estudiar la obra de un autor sin conocer el medio en que se desenvolvió, su época y su propia aventura personal al paso por la vida, y a pesar de que lo hayan repetido todos los biógrafos para este o aquel personaje —escritor, autor musical, pintor, etc.— debemos repetirlo en la ocasión presente, cuando introducimos al lector en el conocimiento de la primera obra americanista del Capitán (ya veremos hasta qué punto lo fue) Gonzalo Fernández de Oviedo. Primer Cronista de Indias a juicio de alguno de los historiadores, pero sin duda el primero que se plantea la visión conjunta de todo lo americano: lo que allí había y lo que sucedió en el vasto continente por obra del Descubrimiento.

Sí, es necesario conocer el siglo —los dos siglos en que él llegó a vivir— en el cual desarrolló su vitalidad creadora, las gentes con las que trató y lo que ellas le brindaron o regatearon, así como los acontecimientos que le fueron contemporáneos. Y naturalmente, cómo se movió en el laberinto de estos tiempos, movido por legítimas ambiciones personales.

Por esta razón, en este estudio preliminar del *Sumario* de Gonzalo Fernández de Oviedo y Valdés, hemos de considerar todos estos aspectos, aunque el lector —que busca orientación sobre la acción española en las Indias, por boca (o pluma) de sus protagonistas— ya esté informado por los otros estudios introductores de esta Colección.

El mundo de Fernández de Oviedo

Fernández de Oviedo nace en un mundo medieval (1478) y le toca desenvolverse, de mozo y de hombre, en un mundo renacentista. Y si decimos medieval no es porque el año de su nacimiento pertenezca al siglo XV, sino porque la sociedad española aún se desenvuelve (porque América no se ha descubierto y porque hay todavía en la península los *cinco reinos* de la Media Edad) dentro de unas formas de monarquías mediatizadas por la nobleza, especialmente en Castilla. En Castilla se vivía aún en la prepotencia nobiliaria, nacida de las llamadas *mercedes enriqueñas,* o sea de las dejaciones que el primer Trastámara —Enrique II, el fratricida de Montiel— tuviera que conceder a aquellos de cuyo grupo había salido, para que olvidaran su nacimiento bastardo, y lo reconocieran como el soberano de Castilla.

Los Trastámara se habían instalado en el trono aragonés desde comienzos del siglo XV, en la persona de Fernando I, llamado *el de Antequera,* castellano que llevó consigo a sus intrigantes vástagos —los luego llamados *infantes de Aragón,* aunque también fueran plenamente castellanos... Uno de ellos llevaría las armas catalano-aragonesas a días de triunfo en la conquista del reino de Nápoles: Alfonso V, *el Magnánimo,* prolongado por la hegemonía de la Confederación Aragonesa, tradicional en la Corona de Aragón, por el Mediterráneo. El otro —Juan II— sería el hábil político que pensó en una unidad peninsular mediante una política matrimonial, que introduciría a su hijo Fernando (el futuro *rey Católico*) a enlazar con su pariente, la princesa Isabel de Castilla, para que una sola pareja real fuera la dueña de los dos reinos. No olvidemos que en la mecánica política europea del siglo XV —que duraría hasta los finales de la llamada Edad Moderna— los derechos dinásticos eran la base de la política internacional. En vez de alianzas y pactos, las grandes casas reales europeas echaban mano de las nupcias reales. Un *slogan* de los Habsburgos austriacos era, poco más o menos: *Otros hagan guerras, Austria feliz se casa,* y de ello sacarían harto provecho los reyes castellano-aragoneses.

En otras palabras, los tiempos finales del siglo XV, que corresponden a los primeros dieciocho años de Fernández de Oviedo, eran tiempos de verdadero cambio, de transformación de la geografía de las nacionalidades europeas. ¿Cual era ésta? Todos los manuales de historia lo recuerdan. Repasemos los datos esenciales. Había un poder centro europeo, germánico, la continuación del Sacro Imperio Romano-Germánico constituido muchos siglos antes, gran potencia que carecía de una verdadera unidad nacional. Todos sus miembros se sentían *alemanes,* por la comunidad de su lengua, pero eran prácticamente autónomos, salvo en problemas internacionales, porque éstos correspondían al Emperador, que para serlo había de ser *elegido* —no lo olvidemos— por los grandes príncipes soberanos, entre los que se contaban tres obispos-reyes. El Pfalz (Palatinado), Sajonia, Baviera y Austria (tierra patrimonial de los Habsburgo, descendientes de los Stauffen) completaban el cuadro. El Imperio estaba institucionalmente ligado a Roma, porque los Emperadores, para serlo, habían de ser coronados por el Pontífice romano, pero su importancia estaba amenazada por la poderosa embestida del imperio otomano, que iba sometiendo a los territorios orientales de la cuenca del Danubio, otrora influidos por Bizancio o por el propio imperio germánico.

El mapa de los pueblos cristianos consideraba al Imperio como la muralla oriental contra los ataques musulmanes —porque los turcos otomanos se habían convertido al mahometismo— y aún vivían en sus conflictos interiores, donde los grandes señores feudales desafiaban la autoridad de los reyes. Tal era el caso de Francia, que puede parecer a los ojos de hoy, si no se profundiza demasiado, como una nación homogénea, pero que en realidad era un mosaico de grandes Duques, como el de Borgoña, que se consideraba más poderoso que el propio Rey. La política sinuosa de Luis XI —contemporáneo de Juan II de Aragón— había ido echando los cimientos de una unidad bajo una nueva monarquía fuerte. Preparaba la grandeza de un solo rey, Francisco I, el rival, ya en el siglo XVI, de Carlos I de España, y futuro Emperador, el monarca al que dirigirá esta obra —*El Sumario*— Fernández de Oviedo.

Inglaterra no vale la pena mencionarla, pues aunque en un comienzo intentó imitar a los exploradores náuticos españoles, utilizando también a un italiano, Juan Caboto Montecaluña (1), su ímpetu en aquellos años se apagó muy pronto, y no tuvieron repercusión sus hechos en el mundo en que le tocó vivir a Fernández de Oviedo. Si Enrique VIII, casado con una tía de Carlos I, se presentaba como candidato al Imperio, o titubeaba en obedecer a la Santa Sede o no, eran para el cronista incidentes que no le apartaron de su labor. No así lo de Italia.

Porque Italia ha sido campo de batalla desde que los romanos expulsaron a los galos cisalpinos. Imperiales y pontificales, *güelfos* y *gibelinos,* vénetos y genoveses, mantuanos y florentinos habían ensombrecido y enrojecido las tierras italianas. Y desde siglos antes, normandos y Stauffen habían peleado por Sicilia, y después los aragoneses-catalanes, con sus mercenarios *almogávares,* se instalaban en aquellas tierras que por último señorearía el *Magnánimo* Alfonso V, un castellano aragonesado y, por último, napolitanizado y entronizado en el friso inmortal de la puerta mayor del *Castel Nuovo,* que él mismo ordenara construir. Italia sería luego presa de la política del *Católico* rey Fernando —el esposo de Isabel de Castilla— en connivencia con el Rey de Francia. Aquello sí que le tocaría de cerca al futuro cronista de las cosas de las Indias... y de otros miles de folios de empresas literarias muy distintas, como veremos. El historiador Denifle —pensando en Lutero— solía es-

(1)   Ver en Bibliografía Ballesteros Gaibrois, Manuel, 1943 y 1951.

cribir que no se sabe *si los tiempos hacen a los hombres, o si los hombres hacen a los tiempos;* en el caso de Fernández de Oviedo no podemos pensar que él conformara el desarrollo de la historia europea —ni siquiera la indiana—, sino que, más bien, fueron los tiempos (sus tiempos) los que le conformaron a él.

Los años finales del siglo XV y toda la primera mitad del siglo XVI —o sea, los de la vida de Fernández de Oviedo— fueron el marco temporal de la gran transformación del mundo europeo, y del mundo en general. Son los años, como dirían los historiadores que encasillan los tiempos en siglos y épocas, de la transición de la Edad Media a la Edad Moderna, del abandono de las formas feudales —con la arquitectura gótica entre otras cosas— por las monarquías absolutas, por la estabilización de las nacionalidades europeas, de la aparición (ya anunciada con pujanza desde 1420, en que Alfonso V de Aragón conquistara Nápoles) del que hoy llamamos Renacimiento, pero que como tal *renacer* de la Cultura grecorromana era ya un sentimiento generalizado entre las gentes del siglo XV, afirmado con plenitud en las de la siguiente centuria. Estos cambios afectaron sensiblemente a Fernández de Oviedo, que tan pronto se interesará por la Historia Natural —como prueba en el *Sumario* que editamos ahora— como se preocupará por los viejos linajes nacidos en los siglos anteriores, o por las luchas heroicas de los *tirantes* y héroes de la lucha contra el invasor otomano. Nacido cuando había en la península cinco reinos (Portugal, Navarra, Castilla-León, Aragón y Granada), Fernández de Oviedo vería cómo, ante sus ojos, todo esto se transformaba en dos reinos —España y Portugal—, con la esperanza, por la política matrimonial de los Reyes Católicos, de que la Corona lusitana entrara en el juego de la Unidad. Que su Rey y Emperador casara con una princesa portuguesa era el anuncio de la posibilidad de que el hijo de esta unión pudiera cumplir el designio antiguo de conseguir la unificación peninsular. Su fallecimiento —muy anterior a 1580— no le permitiría ver a las tropas del Duque de Alba avanzando hasta Lisboa, ni la derrota en las islas de los Azores de la flota del pretendiente, D. Antonio de Crato.

La expansión de la influencia española por Europa no podía dejar de impresionarle, era un cambio tan evidente que cualquier otro lo hubiera notado, pero él, con una sensibilidad especial para darse cuenta de lo que pasaba en su torno, lo captó mejor. ¿Qué castellano del 1400 hubiera hablado —como él lo hace— de Bruselas, como de tierra casi propia? El matrimonio de la infanta Juana con el *hermoso* Felipe de Flandes realmente ampliaba las fronteras de la recién salida España, como por el Levante ocurría con Nápoles, y en Liguria y Lombardía con la preponderancia española, que en Pavía llegaría (siendo ya Rey el nieto de los primeros monarcas que tuviera Fernández de Oviedo) a conseguir llevar a Madrid, prisionero, nada menos que al mismísimo Rey de Francia.

Toda esta historia es lo que le rodeó como español de España —ya veremos que esta aparente redundancia no lo es, porque luego Fernández de Oviedo sería un español indiano—, era su columna vertebral, su arraigo familiar y tradicional. Su mundo circundante se ampliaba también a sus ojos, y seguramente esta ampliación comenzaba ya a consignarla en sus cuadernos y notas, que fue uno de sus medios primarios de información.

Porque si grande era la transformación de su pequeño mundo hispano-europeo, era éste realmente pequeño (aunque pletórico de cultura y de semillas históricas a repartir a manos llenas) frente a ese otro mundo de todos los hombres: la Tierra. Fernández de Oviedo, de muy joven, sabe que las naves portuguesas habían hallado el cabo meridional del gran continente africano, y que surcaban ya un nuevo océano —el Indico— que los llevaría hasta la auténtica India. Pero esto ya se esperaba, porque desde 1414 —en que se adquiere Ceuta— los portugueses no habían cejado en buscar un paso hacia Oriente, aunque para ello tuvieran que circunnavegar todo el continente negro. Seguramente cuando tenía catorce o quince años su memoria quedaría impresionada porque los castellanos ya no hablaban de la India lejana en el Levante, en el Oriente, sino de *Las Indias,* a las que había llegado una flotilla pequeña y valiente en 1492. Recibiría la noticia, como todos sus contemporáneos, con curiosidad y hasta con asombro, ignorando todavía que su último destino estaba allí, en el Poniente, en el lugar donde moría el sol. Porque las transformaciones eran mucho mayores que las de la política europea.

El Mundo, con mayúscula, se había ido transformando a los ojos de las gentes —entre ellas Fernández de Oviedo— desde fines del siglo XV hasta mediados del siglo XVI. No es, naturalmente, que hubiera cambiado lo que existía desde el comienzo de los tiempos, sino que el Mundo que conocieron los medievales quedaba empequeñecido por el que se iba conociendo, en virtud de las navegaciones y penetraciones en las nuevas tierras de lusitanos y españoles, especialmente por estos últimos, que era, como es lógico, lo que atañía más directamente a Fernández de Oviedo. Le atañía personalmente, porque gran parte de los hechos que determinaban este nuevo conocimiento de cómo eran las tierras de la Tierra —valga la repetición— se habían producido estando él en las propias Indias, o en las inmediateces del centro neurálgico de la gobernación de las mismas, en España. Como veremos luego, él había pasado al Nuevo Mundo con Pedrarias Dávila, cuando ya se tenía noticia de que se había descubierto una nueva Mar: la del Sur.

Desde entonces, hasta el momento de su muerte, el pequeño virreinato que provisionalmente rigiera Diego Colón desde la isla Española, se había ampliado —ante Fernández de Oviedo— hasta fronteras impensadas. La flota de Magallanes —trágicamente muerto en Mactán (Filipinas)— regresaba de dar la vuelta al Mundo, dejando, de paso, la importante noticia geográfica de la extensión continental de Sudamérica hasta el Estrecho magallánico. Desde Cuba, Hernán Cortés había pasado al continente septentrional y conquistado un imperio, y desde la Pánama fundada por Pedrarias, los Pizarro conquistaban aún otro imperio. Tanto descubrimiento, tanta navegación, tantas rutas terrestres exploradas, grandes ríos descubiertos —como el Amazonas— habían producido la creación, en España, de organismos que administraran los inmensos territorios sometidos a la soberanía de la Corona española. Se habían dictado Leyes, creado el Consejo Real y Supremo de las Indias, y establecido dos virreinatos, uno para la Nueva España (México) y otro para la Nueva Castilla (Perú), así como Audiencias, obispados, adelantamientos y gobernaciones. Todo este mundo había crecido —insistamos— durante el curso vital de un hombre cuya biografía y obra pasamos a estudiar: Gonzalo Fernández de Oviedo y Valdés.

Biografía en dos continentes

Así como Charles Dickens escribió *Historia de dos ciudades,* al esbozar (porque en detalle resultaría muy largo) el curso vital de Fernández de Oviedo, debemos mostrar desde un comienzo que su biografía se desarrolla en dos continentes, pero no, como el de muchos hombres de la acción indiana, en dos capítulos separados y definidos: nacer en España, formarse hasta madurar la juventud también en España, y luego marchar a Indias para realizar su función histórica (de conquistador, de gobernante, de misionero, etc.), y acabar sus días en ellas. No. Fernández de Oviedo tiene también, como es lógico, su vida previa europea y parece que se va a quedar en América, pero no, va y viene, en un verdadero juego de lanzadera, hasta el punto de que si no muere en España (como lo creyó Amador de los Ríos) es porque aún la vida le dio tiempo para regresar a las Indias y entregar allí su alma a Dios.

Una figura como la del primer historiador-cronista de América, que además tuvo una actividad política muy dinámica, y una producción literaria que podemos calificar de gigantesca, es evidente que no sólo ha dejado una presencia escrita de sí misma muy copiosa, además de manuscritos y hasta obras inéditas, sino que ha preocupado a muchos investigadores, desde que a mediados del siglo XIX se editara nuevamente su *Historia General y Natural de las Indias* (2). Veamos a continuación los estudios que sobre su persona y obra se han efectuado, desde 1855, notando que así

(2)   Por la Real Academia de la Historia, con estudio preliminar de José Amador de los Ríos. Madrid, 1851-1855.

como han sido numerosos los que han aportado datos sobre sus actividades o sobre hechos de su vida, son pocas las biografías.

Realmente asombra que con el caudal de documentación que se posee, no exista todavía una exhaustiva biografía de Fernández de Oviedo y que nos haya dejado José de la Peña y de la Cámara, el ilustre antiguo director del Archivo de Indias, con la promesa de dar a luz una prometida base documental. Por ello es breve la lista de relatos completos de la vida del cronista. La primera, como parte de su estudio introductorio a la mencionada edición de la *Historia*, es la de José Amador de los Ríos (3); pasa más de un siglo hasta que yo mismo publico un breve recuento vital de nuestro autor (1958), y es la siguiente la de Juan Pérez de Tudela y Bueso, que, como la de Amador de los Ríos, forma parte de la edición de la *Historia* en la Biblioteca de Autores Españoles (1959). Para remediar esta penuria de verdaderas biografías dedicadas exclusivamente a la persona de Fernández de Oviedo, volví a intentar una visión más amplia y concreta (1981), que es por el momento la última. También es digna de recordarse la parte biográfica que José Miranda dedica al autor en su edición del *Sumario* (1950).

Tampoco es muy abundante, dada la talla del personaje, el número de los estudios dedicados a facetas de la actividad de Fernández de Oviedo, y casi todos ellos giran en torno al año 1957, con ocasión del recuerdo centenario de su muerte en Santo Domingo. Datos sobre su persona y familia aparecen en los trabajos de Enrique Otte (1956, 1958, 1962, 1977 y 1978), y Claudio Miralles de Imperial (1958), así como en los de José de la Peña y de la Cámara (1957) y Juan Pérez de Tudela (1957). Lo estudian como naturalista Enrique Alvarez (1957) y Eugenio Ascensión (1949), como etnólogo Manuel Ballesteros Gaibrois (1957), como cronista Marcel Bataillón (1954) y sobre aspectos críticos de su pensamiento y obra, Amada López de Meneses (1958), Alejandro Salas (1934) y Josefina Zoraida Vázquez Vera (1957). Pasemos ya a su *currículum vitae*.

Familia y primeros años

Uno de los aspectos curiosos de la personalidad de Gonzalo Fernández de Oviedo es que siempre procura magnificarse en sus escritos, poner de relieve su relación con personajes importantes, a ser posible de alta nobleza o regios; por el contrario, es muy parco en detalles concretos sobre su familia, lo que ha hecho pensar a algunos que pudiera ser de familia de *cristianos nuevos,* lo

(3) En las citas de obras y autores, que se harán en lo sucesivo, se indicará solamente el nombre del autor y el año, para facilitar la localización en la Bibliografía, que viene ordenada alfabéticamente.

que no era demasiado malo, si no eran *marranos* o relapsos judaizantes. Pero él sabía muy bien que en la política poblacional indiana se hilaba muy delgado sobre la procedencia morisca, judía o gitana. Por ello, aunque menciona muchas veces a su padre, no detalla qué cosa era él en la Corte, pues no deja duda de que en ella estuvo o hizo algo muy cerca del monarca anterior a los Reyes Católicos.

El primer problema es el de sus apellidos, ya que siempre se firmó *Gonzalo Fernández de Oviedo*, Pero en este mismo *Sumario* que ahora introducimos, al final añade: *alias* Valdés. La anarquía del sistema de usar de los apellidos familiares impide saber —como desde el siglo XIX puede hacerse— qué relación prelativa tienen el Valdés y el Oviedo. Parece que procede su familia del valle de Valdés, en las entonces llamadas *Asturias de Oviedo*, para diferenciarlas de las *Asturias de Santillana*. Digamos que él confiesa, y de ello alardea en cierto modo, que había nacido en Madrid, cuando escribe ... *en Madrid nascí y en la Casa Real me crié...* (4), por lo cual Jerónimo de la Quintana lo cuenta en la lista de hijos ilustres de la villa (5), pero da una pista en sus *Quincuagenas* cuando escribe:

Como ninguno, sin ser ingrato, debe olvidar su patria, hame parecido que yo sería culpado si ... en esta segunda rima de mis Quincuagenas, *olvidase a Madrid, seyendo una villa tan noble y famosa en España y como yema de toda ella, puesta en la mitad de toda su circunferencia, en la cual yo nascí, de padres y progenitores naturales del Principado de Asturias en Oviedo, procreados en un pequeño pueblo que se dice Borondes de la feligresía de San Miguel de Vascones y Concejo de Grado, notorios hijosdalgo y de nobles solares, y como otros muchos, por diversos motivos, suelen dejar la tierra donde nascieron y irse a ser vezinos en partes extrañas, y así lo hizo mi padre, seyendo mancebo, y asentó en aquella villa* (Madrid)...

Saber quién era su padre es ya más difícil y ha dado lugar a muchas conjeturas, aunque las más juiciosas lo hacen parte de la corte de Enrique IV, que a la muerte de éste se declaró por la hija doña Juana —llamada, al creer de Oreste Ferrara, injustamente, *la Beltraneja*— lo que le hizo perder los bienes que había conseguido. Si esto fuera así, la cautela con que Fernández de Oviedo se movía en medios cortesanos, le aconsejaría no airear mucho su procedencia política. Como en alguna ocasión escribe que su pa-

(4)   *Historia General...* Libro I, tomo I., pág. 5 de la ed. de Amador de los Ríos.
(5)   1954, pág. 555.

dre se hallaba en Segovia, muy cerca del Rey (6), es justo pensamiento que esta proximidad era oficial y no coincidencia.

Esta situación cercana a la corte es la que haría que Fernández de Oviedo recibiera protección de Fray Diego de Deza desde niño. Pasó a Cortes, en Navarra, al servicio del Duque de Villahermosa. Fue en este medio aristocrático y señoril, donde el joven Gonzalo consume gran parte de su niñez. Minucioso relator de las cosas de su tiempo, a las que siempre testifica con datos personales, afirma que en esta casa, y con esta familia ducal, fue donde adquirió su educación, sus modos cortesanos y su conocimiento de gentes. ¿Cómo fue la educación de Fernández de Oviedo en casa del segundo Duque de Villahermosa y de su madre? Se podía pensar que fuera una vida de grandes señores rústicos, aficionados a los caballos o a las monterías, a los suculentos banquetes, pero no fue así, y gracias a ello su educación en aquel lugar lejano de la corte, le aproximaría a ella, y tendría grandes consecuencias para su futuro intelectual. Cuando Prieto Verna (7) hace mención de los amantes de la poesía latina alude directamente a D. Alfonso de Aragón, el señor en cuya casa se criaba Fernández de Oviedo, que a la mansión de sus señores la llama *Casa de Minerva y de Marte.*

Juventud en la corte

Pero toda su primera edad no discurriría en la corte ducal de Cortes —valga la repetición de la palabra—, sino que sin que mediara su inciativa, iba a subir un escalón en sus relaciones con la cúpula aristocrática de la política española. Fue la recomendación del Duque de Villahermosa lo que proporcionaría el segundo paso en las relaciones sociales de Fernández de Oviedo, ya que lo envía a sus parientes los Reyes para que cuenten con el joven *criado* (bella palabra hoy desacreditada) de su casa para compañía del Infante D. Juan, en quien tenían cifradas los monarcas españoles las mayores esperanzas, para que con él se realizara —en una sola persona— la unidad española.

Así entra Fernández de Oviedo en los medios cortesanos, con un salario de 8.000 maravedises, más de 12.000 para *la despensa,* por nombramiento firmado por la propia Reina. D. Juan era un príncipe delicado, para cuya alimentación se buscaba lo más fortalecedor (8), con el cual hizo gran amistad —guardadas las distan-

(6)   *Batallas Quincuagenas...* IIIª *Batalla,* Diálogo 28.

(7)   Ballesteros Gaibrois, *La obra de Isabel la Católica,* 1943, pág. 210.

(8)   En mi estudio *Valencia y los Reyes Católicos,* Valencia 1943, tengo publicadas las cartas de los reyes al Bayle General de Valencia solicitándole tortugas para las sopas del príncipe.

cias— el paje Fernández de Oviedo, que era sólo dos meses más joven que él. Todo en la compañía con el Infante fue como en la del Duque, beneficiándose Gonzalo de los beneficios de las enseñanzas, bajo la tutela de Fr. Diego de Deza. Será uno de sus compañeros inseparables, y por ello toma parte, con presencia del Rey, en una correría por la vega de Granada, en 1491, siendo anchos casi niños.

Esta constante presencia en la Corte le permite tomar conocimiento con personajes y personalidades que luego tendrán, o estaban ya teniendo, papeles importantes en los negocios indianos. Entre ellos estaba Cristóbal Colón, cuyo hijo Diego fue su compañero en el séquito principesco. Conquistada Granada, pasa con la corte a Zaragoza y luego a Barcelona, cuando Juan Cañameras atenta contra la vida del rey Fernando, de lo que Gonzalo dice haber sido casi testigo (9). Es sin duda la llegada de Cristóbal Colón en 1493 a Barcelona algo de lo que más le impresiona, relacionándose con gentes indianas, como Ovando, futuro gobernador de la Española, y Vicente Yáñez Pinzón, con el que le unió una gran amistad hasta la muerte de éste.

Su adhesión al príncipe le hace estar presente en los preparativos de su boda con Margarita, hija del Emperador Maximiliano, y hasta ser él quien personalmente dibuje el anagrama con la *M,* que ha de lucir en su jubón el desposado. Antes ya había sido el encargado de su Cámara, en el palacio de Almazán. Está en las bodas de Burgos, y tiene la enorme tristeza de asistir a la prematura muerte, cuando el Príncipe se había instalado en Salamanca, el 4 de octubre de 1497, contando ambos diecinueve años. La pena la refleja en sus *Quinquagenas* (10), donde escribe: *El descontento me llevó fuera de España, a peregrinar por el mundo, habiendo pasado por mí muchos trabaxos e necesidades, en diversas partes, discurriendo como mancebo, a veces al sueldo de la guerra e otras navegando de unas partes y reinos en otras regiones.* Y así fue en efecto.

Italia

Este vagar le lleva a Milán, estando al servicio de Ludovico Sforza, llamado *El Moro* por lo oscuro de su piel, que se admiró de la habilidad de Fernández de Oviedo en recortar figuras de papel sin necesidad de dibujo previo, mostrando a Leonardo da Vinci lo que el español hacía, lo que provocó frases de asombro

(9) *Historia General,* Iª Parte, libro II, cap. 7. Ver Vicens Vives, 1940, y Ballesteros Gaibrois, *Valencia y los RR.CC.,* 1943.

(10) Pág. 48.

por el famoso pintor, al que Fernández de Oviedo llama Avince (11). Allí está hasta 1498 —cumplía entonces veinte años— pasando a Mantua, donde conoce a otro pintor, Andrea Mantegna. Se incorpora entonces al cortejo de un cardenal hispano, Juan de Borja, sobrino de Alejandro VI (12), que se dirigía a Roma por diversas ciudades, conociendo en Forlí a César Borja, príncipe Valentinois por nombramiento del Rey de Francia, por el que no tuvo ninguna simpatía, acusándolo de la muerte de su hermano Juan en Roma. Pero el Cardenal muere en Urbino, de rara enfermedad, acompañando su cadáver hasta Roma, ganando así el jubileo del año 1500. Comenzaba el siglo en el que desarrollaría Fernández de Oviedo su aventura indiana.

Abandona entonces la corte de los Borja —de los que no queda satisfecho, y lo demuestra en sus escritos— y pasa a Nápoles, donde Fadrique, nuevo rey por muerte de Fernando II, su cuñado, lo acoge y encarga también del cuidado de su cámara, y que le encomienda a su hermana, la reina viuda Juana, para que le acompañe a Palermo, cuando Fadrique ha de abandonar Nápoles, porque el Reino había sido dividido entre España y Francia, con el beneplácito del Papa Borja. En Palermo conoce a su homónimo, Gonzalo Fernández de Córdoba, amistad que le daría posteriormente un nuevo empleo.

Si nos hemos detenido en todos estos primeros años de Fernández de Oviedo hasta que sale de Italia, es porque debemos considerarlos muy importantes para su futura labor, y para su formación. No asistió a ninguna Universidad, pero se lucró de las elevadas enseñanzas de la casa del Príncipe, primero, y luego Italia fue su fortuna, ya que no sólo conoció elevados centros cortesanos, donde la cultura tenían un lugar destacado. El mismo nos lo confirma en sus *Quincuagenas* (13), diciendo: *Discurrí por toda Italia, donde me di todo lo que yo pude saber y leer y entender la lengua toscana* (14) *y buscando libros en ella, de los cuales*

(11)   Fernández de Oviedo reproduce palabras que atribuye a Leonardo da Vinci, en su *Batalla II,* diálogo de D. Bernardino Manrique: *Crea su Excelencia que es la cosa del mundo que hasta hoy he visto que más me haya maravillado, y si no lo viera cortar yo no creyera que hombre podía hacer cosa tan util con solo las tijeras y sin dibujo alguno, más de solamente a memoria mental mover las manos.*

(12)   Realmente el apellido de los *Borgia* es Borja (tal como lo escribe Fernández de Oviedo), que ortográficamente sustituyó la *j* por *gi,* cuya pronunciación en italiano es idéntica a la de la primera letra en valenciano y en lemosín en general.

(13)   IIIª Parte, Est. 23.

(14)   Italiano en la parte central de la península, impuesto luego sobre los otros dialectos.

tengo algunos que'ha más de 55 años (15) *están en mi compañía, deseando por su medio no perder de todo punto mi medio.*

Madurez en España

Aunque Fernández de Oviedo tenía veinticuatro años cuando regresa a España, como vamos a ver, podemos decir que sus experiencias en medios cortesanos, sus viajes por Italia, su afición por leer y por escribir, han hecho de él un hombre maduro, que ha tenido responsabilidades importantes, aunque fueran humildes, como es disponer de las llaves de las cámaras de señores —duques, príncipes, reinas— que le permiten alentar ambiciones. Su historia inmediata parece confirmar esta suposición, porque acompañando a la reina Juana de Nápoles, desde Palermo a Valencia, pasa a Zaragoza, donde a la sazón está el Rey Fernando. Este nuevo contacto con la corte será un indirecto camino para las Indias, porque sus empleos se van encadenando, hasta que es catapultado a América. Veamos.

Fernando *el Católico* recuerda a Fernández de Oviedo, de cuando había sido paje del Príncipe D. Juan, y al saberlo recién llegado de Nápoles, acompañando a la Reina Viuda de este reino, y estando recién llegado el Duque de Calabria, lo destina a su servicio. Esta consolidación (1503) de *status* es simultánea con su matrimonio, pues se casa con Margarita Vergara, dentro de un profundo enamoramiento, que le durará toda la vida. Sus escritos revelan esta admiración y pasión por la esposa (16) y el tremendo dolor por su muerte, porque ya quedó enferma al parir su primer hijo —muerto— y pereció por causa del segundo parto.

Al servicio, pues, del Duque de Calabria, marcha con él a la campaña del Rosellón —cuando los franceses apresaron Salses— que organizó el Rey Católico, recuperando Salses y sitiando a Narbona. Pero siguiendo también a su señor, ordena seguramente todos los libros que, procedentes de la *Biblioteca d'Aragona,* formada por el Rey Alfonso V, trajo el Duque de Calabria. Entre ellos —cuyo catálogo conocemos— se encontraban muchos que luego cita en sus obras, como Plinio. Es, pues, esta coyuntura también una ocasión de ilustrarse.

(15)   Escribe éstos en 1555 y debe referirse a los años 1498 ó 1501.

(16)   Pondera especialmente sus cabellos, diciendo: *Y en verdad mis ojos no han visto otros tales en mujer de esta vida; porque eran muchos e tan largos, que siempre traía una parte del trencado doblada, porque no le arrastrase por tiera, y eran más de un palmo más luengos que su persona, puesto que no era mujer pequeña, sino mediana y de la estatura que convenía ser una mujer tan bien proporcionada y de hermosura tan cumplida como tuvo.*

La muerte de Isabel *la Católica* (26 de noviembre de 1504), a la que tantos elogios hace Fernández de Oviedo, determina muchos cambios en España, y tiene también consecuencias para la vida y fortuna del futuro cronista. Aunque sigue al servicio del Duque de Calabria, no es con la sujeción anterior, y se acerca lo más posible al Rey Católico, que sigue siéndolo de Aragón y regente de Castilla, por el testamento de Isabel, pero que va a tener dificultades con su yerno, el *hermoso* Felipe de Flandes, como esposo de la heredera del reino de Castilla, Juana, que ya había dado señales, antes de esta fecha, de enajenaciones y alteraciones. Fernando, para contrarrestar a su yerno, se casa con la francesa Germaine de Foix, y tras una entrevista con Felipe, en Valladolid, marcha a su reino patrimonial en 1506, seguido por Fernández de Oviedo, al que había encargado en 1505 que escribiera una lista, nómina o catálogo de los monarcas de España. La incansable actividad de tomar notas y escribir, de que ya había dado muestras Fernández de Oviedo, producirá una de sus obras (17).

Su antiguo protector —Fr. Diego de Deza— fue nombrado Inquisidor, y se acordó de Fernández de Oviedo y sus habilidades con la pluma y su buen orden y le designó Notario Público y Secretario del Consejo de la Santa Inquisición en aquel mismo 1506, pero el cargo le duraría poco tiempo, ya que en 1507 cesa en él. Pero ya estaba encaminado en una profesión que le gustaba, y el 14 de ciciembre (18) obtiene una de las notarías públicas de Madrid (por *traspaso* de un notario), lo que indica que había adquirido algunos bienes, suficientes para pagar los gastos de transferencia. En este cargo permanecería hasta 1511.

En estos años va a cambiar nuevamente de estado, pues contrae nupcias con Catalina Rivafecha, de la que no aparecen en ninguno de sus escritos los encendidos elogios que tuvo para Margarita. La boda había tenido efecto en 1508, año del cual se ha encontrado un protocolo suyo, notarial, en que aparece su pulcra letra y su meticulosidad en la ordenación de los índices. En 1509 Catalina le da otro hijo. Aunque su trabajo al lado del Duque de Calabria había concluido, le afectó mucho (si bien no se atreve a dejar constancia por escrito, por fidelidad a Fernando *el Católico)* la orden de prisión que el Rey dio contra él, que fue confinado (por diez años, hasta 1522) en el Castilo de Játiva.

Como sabemos, en Italia, Fernández de Oviedo había conocido a Gonzalo Fernández de Córdoba, feliz Gran Capitán de la guerra en Calabria. Hombre de buena memoria, el soldado no había echado en olvido su conocimiento, y es posible que hubiera tenido noticias de las actividades literarias, o como hábil escribidor, del futuro cronista. Quizá por esta razón, cuando Fernando el Católico

(17)   El *Cathalogo Real de Castilla*..., aparecido en 1535.
(18)   1507.

le llama de su retiro de Loja, para que se haga cargo de nuevas campañas en Italia, el Gran Capitán piensa en Fernández de Oviedo como útil secretario, y para este cargo lo reclama. Fernández de Oviedo nos dice *escribí por algunos meses* para el Gran Capitán.

Sí, por poco tiempo, porque el Rey vuelve de su acuerdo, y Gonzalo Fernández de Córdoba licencia a su gente, la dispersa, unos a Italia, algunos a diferentes ocupaciones, y *otros a las Indias, de los cuales fui yo uno, por mis pecados,* como confiesa Fernández de Oviedo, aunque esta aparente queja quizá no sea sincera, pues la fama de las riquezas indianas, o del porvenir que allí podría fraguarse cada uno, crecía año a año.

Oviedo, al que veremos siempre procurando aprovechar las coyunturas, transformándolas en favorables, si no lo eran, no pierde el tiempo, y posiblemente la dispersión acordada por el Gran Capitán no fue hecha sin apoyar a sus antiguos servidores. Fernández de Oviedo, al regresar a Madrid, procura relacionarse con el Bachiller Conchillos, persona influyente en general en los asuntos públicos, pero esencialmente en los indianos. Consigue de él que le nombre su representante de los intereses que tenía en Indias —que eran sustanciosos— y, encadenándose las cosas, que le designe Veedor de Castilla del Oro, para cuya gobernación se preparaba una nueva gobernación se preparaba una nueva gobernación. El salario no sería pequeño —70.000 maravedís—, del cual consigue un adelanto de 35.000, para sus gastos de traslado.

La primera experiencia indiana

Las Indias, que serían su fortuna definitiva, no se le iban a presentar tan placenteras, con una serie de problemas que en realidad no tenían que ver con las Indias en sí, sino con las acciones de los españoles, de los hombres del mundo europeo en el *orbis novus.* Seis años iba a durar esta primera experiencia, de 1514 a 1520, dividida entre las propias Indias y Europa, pero todo motivado por razones indianas.

En 1512 Fernando *el Católico* decide poner orden en las cosas del Darién (al que se le ha dado el pomposo nombre de *Castilla del Oro)* designando Gobernador a Pedro Arias de Avila, más conocido como Pedrarias Dávila, que fue valiente partícipe en la guerra granadina y deportista consumado, por lo que se le apodó también *El Gran Justador.* Estaba emparentado con los Moya, que habían acogido en su casa, como infanta, a la Reina Isabel, y a sus setenta y dos años era aún un hombre activo. Severo y autoritario, no se sabía de sus dotes de inflexibilidad, y crueldad, porque esto se probaría en su estancia en las Indias, como veremos. Al anuncio de la gran expedición que se preparaba, muchos —entre ellos Fernández de Oviedo— se alistaron y pasaron a Sevilla, para el embarque, en 1513, aunque éste no tendría efecto hasta el 4 de abril de 1514. Fernández de Oviedo había conseguido, aparte de la representación de Conchillos, la misión de Escribano General. La expedición iba pletórica de hombres que luego serían nombres notorios en Indias: Hernando de Soto, Diego de Almagro, Hernando Luque, Sebastián de Belalcázar. Pedrarias iba a sustituir a Núñez de Balboa, Adelantado de la Mar del Sur, es decir, encargado de exploraciones por la costa del Pacífico. La llegada se efectúa en junio de aquel mismo año, comenzando Pedrarias su gobierno. Este gobierno se mostró duro para todos: los españoles que iban por el ansia de riqueza, de hallazgo de minas —en la Castilla *del Oro*— se negaron a trabajar la tierra, los indios huyeron y muy pronto los víveres escasearon, agravado esto por un incendio de los depósitos de alimentos traídos de España. Muchos murieron, otros se volvieron a España o pasaron a Santo Domingo o Cuba. La tiranía de Pedrarias se hizo imposible, y como Dice Amador de los Ríos (19) *Cansado Oviedo de presenciar las crueldades de Pedrarias, así en los indios como en los españoles, formó la hidalga decisión de volver a España, para dar noticia a su rey y vivir en tierra más segura para su conciencia y vida.* Esta decisión la puso en práctica en octubre de 1515, cuando apenas llevaba catorce meses en el Darién. Al saberlo, Pedrarias envió también a apoderados suyos, temeroso de las denuncias que pudiera hacer Fernández de Oviedo.

En España, Oviedo pasa por Sevilla y se entrevista con el Rey —que no olvidaba los servicios prestados por él a su casa— en Plasencia, pero no toma decisiones, y lo encamina a Conchillos para que él estudie el asunto. Una desgracia imprevista dejará al futuro cronista sin interlocutor, porque el 23 de enero de 1516 muere el rey Fernando. Quedaba como regente el Cardenal Cisneros y desde Gante el heredero —el joven Carlos, de dieciséis años, designaba como co-gerente a su preceptor, el flamenco Adriano de Utrecht, dignidad de la Iglesia. ¿Qué postura adoptaría Fernández de Oviedo? Había varias alternativas: quedarse en España y buscar fortuna; regresar a Indias renunciando a la lucha, con todos los riesgos que esto suponía, y continuar con denuedo en su empeño. De momento decide esto último y pasa a Flandes para entrevistarse con el nuevo rey de España —Carlos—, aunque éste no había sido todavía proclamado como tal, pero era el indudable futuro monarca, y ya estaba rodeado de personas que lo asesoraban, como el italiano Mercurino Gattinara. Muchos de los antiguos colaboradores de los Católicos Reyes, desplazados por Cisneros, habían marchado también a Flandes, lo cual significaba que Carlos y los suyos estaban enterados de lo que se hacía en España. Entre las cosas que luego se demostró que no le gustaban a Carlos estaba

(19) Ed. cit; I; pág. XXV.

la aplicación de un gobierno teocrático (lo que Giménez Fernández —1593— llama *Plan Cisneros-Las Casas para la reformación de las Indias*), consistente en encomendarlo a frailes jerónimos.

Carlos de Gante le escucha, y debió quedar prendido de su habla y conocimientos, pues lo remite a los regentes (Cisneros y Adriano), con orden de que se le paguen los gastos. Confiando en esto, regresa Fernández de Oviedo a España, pero ni es recibido, ni se le abonan los gastos. Es entonces cuando, quizá desengañado o desorientado sobre el camino a seguir, se dedica a labores literarias, redactando las aventuras del caballero *Claribalte,* o sea un libro de Caballería (20). Pero algo sí había ganado, y le sería muy útil en lo porvenir: el conocimiento y amistad con Carlos, al que llamará ya *César* en muchos de sus escritos. Había transcurrido en todo ello el año 1516. El 1517 se presentaba prometedor.

Prometedor porque Carlos desembarca en España, y Fernández de Oviedo toma nuevo contacto con él, o al menos se hace visible, acompañándolo dos años después a su viaje a Barcelona. Para los que entendían en cosas indianas se abría un horizonte de esperanzas; entre ellos se contaba el clérigo Bartolomé de las Casas (21), que proponía se le concediera una gobernación en Cumaná, segregada de la del Darién (22), donde se aplicaría un sistema pacífico de contacto con los indios, sin intervención de nadie más que de eclesiásticos. La petición le fue concedida.

Paralelamente, Fernández de Oviedo concibe una idea semejante, pero absolutamente laica, o mejor: caballeresca. Pretendía que se pusieran a su disposición 100 caballeros de Santiago —para lo cual era necesario que a él se le concediera la Cruz de la Orden— para realizar la conquista de otro territorio, desgajado también de la gobernación del Darién. Muchas razones aconsejaron al Consejo real el negarse a la petición, por lo cual Fernández de Oviedo renueva su denuncia contra Pedrarias, consiguiendo que se le destituya, designando en su lugar a Lope de Sosa, entonces en Canarias. De rechazo consigue la designación de Regidor perpetuo de Santa María de la Antigua, la Escribanía General y el nombramiento de receptor de multas. No hace falta resaltar que Oviedo sigue manifestando su capacidad de maniobra, y que su voz es convincente, y saca partido en cada ocasión.

Hábil también para conseguir adelantos, logra que se le paguen 15.000 maravedíes, en 1520, con lo cual se embarca con su familia camino de las Indias, pasando por Canarias, donde se entera de que Sosa le precede, sigue para Santo Domingo, y allí recibe la

(20)   Ver título completo en la lista de sus obras.

(21)   En esta *Introducción,* más adelante, se explica la polémica surgida entre Las Casas y Oviedo precisamente por esta pretensión —y su desarrollo— del entonces clérigo y luego dominico y obispo.

(22)   Ver Hanke, L., 1954.

noticia de que Sosa ha muerto y que, por lo tanto, sigue Pedrarias de Gobernador. Se detiene en Puerto Rico —Isla de San Juan se la llamaba entonces— y sigue, no sin temor, hasta el Darién. Con sorpresa tiene un gran recibimiento, al menos muy cortés, que no le engaña. Todos tienen miedo de lo que haya dicho en la Corte, de las provisiones y órdenes que traiga. Pero, por el momento, su ánimo se tranquiliza.

No sabía Fernández de Oviedo lo que había ocurrido en su ausencia, mientras estaba en España. Una vez cumplidos los trámites de cortesía, Pedrarias pasó a presentar sus respetos a la nueva esposa del nuevo regidor perpetuo de Santa María de la Antigua —capital hasta hacía poco de la gobernación de Castilla del Oro—. Esta sería la primera y desagradable sorpresa que recibiría Fernández de Oviedo, que había una nueva capital, al otro lado del istmo, sobre la costa del Pacífico. Había sido decisión de Pedrarias —en lo que demostraba su talento estratégico— el trasladar el centro de futuras exploraciones a la otra banda de Tierra Firme, siguiendo la orientación dada por Vasco Núñez de Balboa (al que había ejecutado con fútiles pretextos). De hecho, Pedrarias se convertía en el Adelantado de la Mar del Sur y a él cabría la gloria de haber iniciado las exploraciones hacia el sur-sur-este (futuro Perú) y hacia el noroeste. Triste noticia para Oviedo, que veía que su ciudad, de la que iba a ser regidor perpetuo, caería en el olvido y que a sus expensas se engrandecería la nueva capital, Panamá (23).

Tres años duros le esperaban a Fernández de Oviedo en su lucha contra Pedrarias (que no ignoraba las gestiones que el futuro cronista había hecho contra él en España), que si seguía de Gobernador era porque Lope de Sosa había fallecido.

Fernández de Oviedo se dispone a resistir todo lo posible, a aceptar o presentar batalla. Por ello, ante la amenaza de despoblación de Santa María, se pone a construir una casa de piedra, como expresión de su voluntad de permanencia en ella. No se trata de una interpretación que haga el historiador de hoy, sino que lo dice el propio interesado:

E assí como otros la desamparaban (a Santa María), *comencé yo a labrar e dexé yo de la traza e dineros a mi muger para que hiciese mi casa* (24).

Yo hice una casa en la ciudad de Sancta María del Antigua del Darién... que me costó quince mil pesos de buen oro, en la cual se pudiera aposentar un príncipe, con buenos aposentos, altos e baxos e con un hermoso huerto de muchos naranjos e otros

(23)   De hecho, Santa María desaparece, y cuando Fernández de Oviedo visita su casa en ella, la halla saqueada y destruida.

(24)   *Historia*, IIª Parte. Lib. X, cap. 14.

árboles, sobre la ribera de un gentil río que pasa por aquella cibdad. (25).

Pero Pedrarias lo reclama para Panamá, pues como Veedor de fundiciones (lo que hoy llamaríamos inspector) tenía que estar presente en las que ya se venían retrasando en Panamá. Oviedo no tiene más remedio que ir a cumplir esta nueva servidumbre impuesta por la flamante capitalidad. Se le ocurre entonces iniciar un juicio de residencia contra Pedrarias, pero éste, con un grande y previsor tacto político, le hace una merced, que realmente era una trampa: le designa su teniente en Santa María, en sustitución de un tal Estete. Era un modo de que Oviedo se enfrentara con sus conciudadanos, como en efecto sucedió, porque él era enemigo de los amancebamientos (Corral, un hombre prominente de la colonia, tenía tres hijos con la hija de un cacique del interior, y el deán Zalduendo no era un modelo de continencia), de las borracheras, de la corrupción. Le tocaba a Fernández de Oviedo ocupar puestos de responsabilidad, él que hasta entonces se había hallado en su torno pero no en el centro del vértigo político. Este año de 1521 traería a Fernández de Oviedo una nueva tristeza: su segunda esposa moría el 10 de noviembre.

Su gobierno fue en términos generales muy fructífero y ordenado, pues se estableció un comercio de manufacturas con los indios, especialmente de las islas, que rindió muy pronto más de 50.000 pesos. Pero aquellos a los que multaba, expulsaba o castigaba, no estaban contentos, en especial Corral y Zalduendo. El detonante fue una sublevación india —entre los caciques levantados se contaba el *suegro* de Corral—. Este cosiguió que los que se habían presentado voluntarios para ir a castigar a los sublevados, se retiraran, y así el capitán Murga y unos pocos soldados fueron muertos por los indios. Oviedo abrió proceso al Bachiller Corral, en el que se probó que había estado en connivencia con los indios, luego era un traidor. Oviedo le aprisionó y lo envió con grillos a España, porque si pasaba el proceso a la superior instancia de Pedrarias, sabía que todo estaría perdido. Así las cosas, sus enemigos acuerdan asesinarlo, encomendando la *tarea* a un tal Simón Bernal, criado del Deán Zalduendo

Oviedo había mandado aderezar un barco para ir a Nombre de Dios, para completar la residencia contra Pedrarias, pero antes de salir, estando en plática, a la puerta de la Iglesia de San Sebastián, con el Alcalde de Santa María, Simón Bernal... Pero mejor es que leamos lo que el mismo Oviedo relata sobre ello (26):

Quando este llegó (Simón Bernal) donde el alcalde e yo nos paseabamos delante de la iglesia, quitose el bonete, acatandome,

(25)   *Historia*, Iª Parte. Lib. V, cap. 1.
(26)   *Historia*, IIª Parte. Lib. X, cap. 17.

e yo abaxé la cabeza, como quien diçe: bien venido seays; *y arri-*
mose a una pared frontero de la iglesia. Y el alcalde en esta sazón
me rogaba que diesse la vara del alguacilazgo de aquella ciudad
a un hombre de bien (porque yo tenía poder para proveer de
aquel oficio, quando conviniesse, en nombre del alguacil mayor,
el bachiller Enciso por su absencia, que estaba en España y era
amigo); e dixe al alcalde que me placía de hacer lo que me roga-
ba, porque me parecía que era buena persona aquel, para quien
me pedía la vara del alguacilazgo. Y en este momento llegó por
detras el Simón Bernal con un puñal luengo y muy afilado, aun-
que tenía otra espada ceñida, e diome una gran cuchillada en
la cabeza y descendió cortando por debaxo de la oreja siniestra
e cortome un pedazo grande de la punta e hueso de la quixada
y entro hasta media mexilla, e fué tan grande e honda herida que
me derribó e dió conmigo en tierra; y al caer diome otras dos
cuchilladas sobrel hombro izquierdo: e todo tan presto que antes
que el alcalde le viesse ni yo me reconociesse, era hecho todo lo
dicho.

Mientras el criminal huía, Fernández de Oviedo fue llevado a
su casa, en tal estado que el barbero-cirujano dijo que no valía
hacerle curas, pues *era muerto.* La fortaleza física de Oviedo ven-
ció los males causados, mientras el agresor estaba escondido, pues
ni siquiera Zalduendo quiso acogerlo en sagrado, en su iglesia.
Apenas pudo hablar, el malherido Oviedo hizo testamento y promesa de perdón a todos. El juez Aragoncillo mandó prender a
Bernal y ordenó se le mutilara de castigo, pero en la cárcel el
condenado murió desangrado. Entretanto, los enemigos de Oviedo habían pedido —urgidamente— a Pedrarias que reclamara
para su autoridad el juicio, pero el mensajero llegó cuando Bernal
era ya muerto.

Apenas tuvo fuerzas, Fernández de Oviedo comprendió que no
podía lograr nada contra Pedrarias, por lo que decide marchar a
España, pero sin decirlo a nadie. ¿Cómo hacerlo? Mandó aparejar
un navío —donde embarcó a su familia (se había casado por tercera vez, aunque no sabemos el nombre de esta esposa)— diciendo
que iba a Nombre de Dios, y se encaminó hacía Cuba, donde Velázquez le atiende. Había iniciado su viaje el 13 de julio de 1523,
tras casi diez años de experiencia indiana. De Cuba pasó a Santo
Domingo, donde halló al Almirante Diego Colón —su antiguo
compañero al servicio del Príncipe Don Juan—, al que contó todos los excesos de Pedrarias, con gran escándalo de Don Diego.
Colón le invita a tomar parte en el viaje que dispone para entrevistarse en España con el Rey Carlos, y Oviedo acepta, saliendo para
España el 16 de septiembre (1523).

Cada una de las travesías (Santa María-Cuba, Cuba-Santo Domingo, Santo Domingo-Sanlúcar) fueron pésimas, a punto varias

veces de naufragio, como si fuera su sino en viajes atlánticos. El 15 de noviembre pisaba nuevamente tierras españolas, no como un regresado, sino para continuar su lucha y comenzar nuevas empresas literarias.

Retorno a España y regreso a las Indias

Lo que en España perseguía Fernández de Oviedo —aunque secretamente quizá abrigaba la pretensión de ascensos superiores al cargo de Veedor— era concluir con Pedrarias, denunciando su mal trato a los indios, el incumplimiento de ordenanzas, la retención indebida de fondos y, en una palabra, su mal gobierno y tiranía. Para ello le interesaba estar cerca de la Corte, y apenas llegado pasa de Sevilla a Burgos, donde se entrevista con Carlos I. Leamos lo que él mismo nos dice al respecto de su entrevista con el rey (27):

Al tiempo que besé las reales manos de su Magestad, le dixe que yo servía de Veedor en Tierra Firme, do es Gobernador Pedrarias, e que venía desde allí a dar noticia a Su Magestad de como aquella tierra está perdida y destruida e robada, e han passado e passan en ella muchas crueldades, de que Dios y Su Magestad se desirven e la tierra se pierde, seyendo, como en la verdad es, lo mejor de lo descubierto: e todo escondido e ocultado a Su Magestad y su Consejo... E dixome Su Magestd que a Vrs. Mercedes (28) hablasse e dixese todo aquello que sabía e me paresciese de la cosa de aquella tierra, de donde vengo, para que Vrs. Mercedes se informassen e que Su Magestad lo mandaría luego remediar e proveer, como conviniesse. Ecumpliendo con el mandamiento de Su Magestad e en lo que debo a su real servisio y a mi consciencias...

Hábilmente, Fernández de Oviedo convertía en orden real lo que había sido realmente el encauzamiento de la denuncia al lugar donde debía hacerse. Fernández de Oviedo tenía un enemigo peligroso en Pedrarias, cuya esposa —Isabel de Bobadilla— se movía con soltura en los medios oficiales y cortesanos, defendiento también a Corral (uno de los instigadores de la revuelta india y quiza del atentado), al que Oviedo había desterrado del Darién.

Depone largamente ante el Consejo (que es el embrión del futuro Consejo de Indias, fundado en 1525), proponiendo que se nombren personas que residencien a Pedrarias y pongan en orden la Tierra. Corral no había estado —mientras tanto— ocioso y de-

(27) *Colección Muñoz,* tomo 76. Real Academia de la Historia.
(28) Escribe dirigiéndose al Consejo de Indias.

nunciaba a Oviedo por los perjuicios causados por su extrañamiento de las Indias. Fernández de Oviedo fue condenado al pago de 100.000 maravedís, aunque no ceja en seguir de cerca a la corte, entreteniendo su tiempo en la redacción de *Respuesta a la Epístola Moral del Almirante de Castilla.*

En este seguimiento de la corte, en Valladolid, se le presentan las cosas algo mejor, pues desde el Consejo se le pregunta si desea confirmar su anterior petición de gobierno en algún lugar de las Indias. Dudoso, pasa entonces a Madrid, y al enterarse de que la gobernación que él solicitara se le entrega a Bastidas, solicita la de Cartagena, que sí se le concede, lo que llevaba aparejado el título de Capitán, que desde entonces usa oficialmente y que en realidad le abrirá muchas puertas. En Madrid había de recordar, como entusiasta madrileño, que esta ciudad era la *yema y corazón de España*, y a la que dedica encendidos elogios en varias ocasiones. Pero como Carlos no estaba quieto y había convocado Cortes Generales en Toledo, allá va Oviedo coincidiendo (1525) con la llegada de la segunda remesa de regalos que enviaba desde la Nueva España Hernán Cortés, y que demostró a los españoles que por fin se había llegado a un territorio civilizado, de superior cultura —aunque no comparable con la cristiano-europea— y de enorme riqueza. Fernández de Oviedo cuenta la llegada de las cosas mexicanas en su *Historia General* (29), ponderando el efecto causado en los medios oficiales, de lo que él va a sacar provecho.

Se atreve entonces a solicitar del Rey que se le conceda escudo de armas, que Carlos le otorga el 25 de octubre de 1525, por mano de Alfonso de Valdés, posiblemente pariente suyo. En la concesión se hace vaga referencia a la *noble* familia de los Valdés, que probablemente era lo que había dicho Fernández de Oviedo en su solicitud. Esta confianza demostrada en su persona por los del Consejo, se confirma por el hecho de que se le convoca para que relate todo lo que sabe sobre lo que acaece en las Indias. No cabe la menor duda —porque además nos lo ha dejado escrito el propio Oviedo— de que se despachó a su gusto, y que fueron estos informes los que en el año siguiente de 1526 determinaron la destitución de Pedrarias y que se le abriera un juicio de residencia, pese a los esfuerzos de su esposa, que, sin embargo, conseguiría que se le nombrara gobernador de Nicaragua.

Oviedo escribe que por este tiempo tuvo muchas conversaciones con Carlos I, relatándole hechos y cosas de las Indias, especialmente de sus habitantes, su flora y su fauna típicas y exóticas, y que para complacerle, aunque tenía sus papeles en Indias, redacta la obra que se edita en este volumen —el *Sumario*— que aparece en Toledo en 1526.

El seguimiento que Oviedo hacía del Emperador, le ponen las

(29) Lib. III, cap. 142.

puertas de las Indias, ya que va a Sevilla para las bodas reales con Isabel de Portugal. Sabiendo la destitución de su enemigo —Pedrarias—, decide embarcarse para Nombre de Dios, saliendo de Cádiz el 20 de abril de 1526 y llegando a su destino el 30 de junio, tras alguna escala. Pedrarias sale a recibirlos, porque en la misma nave va el juez de residencia, y se muestra —¡cómo no!— conciliador con Fernández de Oviedo, que deja sus asuntos en manos del juez, reclamando 60.000 pesos de oro por la destrucción de su hacienda —invadida e incendiada por los indios, al despoblarse Santa María de la Antigua en beneficio de Panamá— y otras pérdidas. Pedrarias ofrece 700 pesos de oro y Oviedo se aviene. El nuevo Gobernador, Pedro de los Ríos, toma entonces posesión y Pedrarias sale para Nicaragua, cuya gobernación le ha conseguido su esposa.

Fernández de Oviedo piensa que arruinado el Darién, cuyo defensor ha sido, su cargo de veedor en Panamá no le ofrece posibilidades y se traslada a Nicaragua. Allí esta nuevamente su adversario —octogenario ya, pero lleno de vitalidad—, que entonces no está conciliador, lo que obliga a Gonzalo a dejar el campo libre. Sus andanzas por Centroamérica son breves (Granada, León, Guacama, Teocatega, Managua, Matinari y los lagos de Xaragua y Lindiri y el volcán de Masaya), aunque duran algunos años, con variable fortuna, hasta que recala nuevamente en Panamá, más amable para él que cuando estaba Pedrarias, su tenaz enemigo. Hace años que no ve a los suyos —aunque suponemos que había tenido abundante correspondencia, normal en un hombre tan *escribidor* como él— y pide permiso a Pedro de los Ríos para pasar a Santo Domingo y poder verlos. Pero este intento se frustra, pues aunque se embarca para La Española en el puerto de La Posesión (mayo de 1529), los temporales le impiden llegar a su destino y tiene que regresar a Panamá, de donde marcharía a España, como representante de la ciudad de Panamá en la residencia que se había abierto al hasta entonces gobernador de las tierras del istmo, Pedro de los Ríos. Estando en España —concretamente en abril de 1532— termina de redactar su *Catálogo Real* (que le había sido encargado en 1505 por Fernando el Católico), que es una lista de monarcas y dinastías de España. Cansado de la vida pública y más interesado por dar cima a las obras que tenía entre manos, pide al Consejo de Indias que su cargo de Veedor pase a su hijo Francisco González y Valdés —que tenía veintitrés años— y se le asigne alguna función en La Española. Terminaba entonces una larga etapa de la vida de Fernández de Oviedo.

Ultima etapa de Fernández de Oviedo

En el otoño de 1532 regresaba nuevamente a las Indias, recalando en La Española, cuya representación había ostentado en las pasadas estancias en España y donde era por lo tanto muy estimado, como lo probó la recepción entusiasta que se le hizo. Hombre que deseaba figurar en las listas de altos funcionarios, su ambición sin embargo no era la de cargos demasiado importantes, que le quitaran tiempo de sus quehaceres literarios. Por esta razón, cuando en 1533 muere Francisco de Tapia, que tenía la alcaldía de la fortaleza de Santo Domingo, la solicita y su petición es atendida. En el tiempo que pasó hasta que se da este nombramiento, había insistido ante el Rey sobre que se le encargara de la redacción de la crónica de las Indias —cuyo avance había sido el *Sumario*, aparecido, como vimos, seis años antes— a lo que accede, autorizándole a hacerla, el rey, el 25 de octubre de 1533. Esta autorización la toma hábilmente Oviedo —como hemos visto hacía en otras ocasiones— como un nombramiento u orden para que redactara la historia de las Indias. El historiador argentino Rómulo D. Cárbia (30) llegó a creer que Fernández de Oviedo fue el primer cronista oficial, cargo que el Consejo de éstas creó mucho después. Si Carlos I accedió fue porque conocía la habilidad y patriotismo de Fernández de Oviedo y le era útil cualquier estudio suyo que pudiera probar o argumentar una legitimidad de la soberanía española en las Indias, como muy acertadamente opina Marcel Bataillon (31).

Como alcaide cumplió con la eficacia en él peculiar, mandando limpiar los fosos y realizar otros trabajos y obras de restauración, dotando a la fortaleza de un lombardero (32). Habiendo tenido noticia que la gobernación de Santa María (a la que había renunciado por la de Cartagena) en manos de García de Lerma era un desastre, escribe al Consejo en 1533, que le hace poco caso, pero que conocida su denuncia por los habitantes de Santo Domingo, produce que se le nombre su procurador en el proceso que se va a abrir al acusado gobernador de Santa María. Fernández de Oviedo se pone una vez más en camino para España, llegando a Sevilla en el verano de 1543, trasladándose a Valladolid, donde consigue que se nombre juez de residencia contra el Gobernador, pero éste muere antes de que el juicio comience.

Las imprentas estaban en la metrópoli y Fernández de Oviedo se había llevado los originales de la Parte II de la *Historia General y Natural de las Indias* (33) que somete a la censura del Consejo de Indias. Estas actividades lo hacen notorio en la corte y cuando el Rey Carlos piensa en organizar una casa para el Príncipe Felipe, consulta al conde de Miranda y a Juan d'Estuñiga el modo de hacerlo. Se acordaron entonces que tenían entre ellos a un *experto*

(30)   Ver Carbia, 1940.
(31)   Ver Bataillon, 1954.
(32)   Hoy lo llamaríamos *artillero*.
(33)   Manuscrito en la Biblioteca de El Escorial. 1546.

que había tomado parte —muchos años atrás— en un caso similar y el propio infante Don Felipe —luego Felipe II— se dirige a Fernández de Oviedo, que escribió una *Breve Relación,* que desarrollaría muchos años después en su libro sobre los *Officios de la Casa Real de Castilla* (34). No fue solamente esta empresa literaria la que ocupara a Oviedo en España, sino que concluye la segunda parte del *Catálogo Real,* como *Epílogo Real,* que arranca de la muerte de Juan II hasta el año de 1534.

No había descuidado la impresión de su *opus majus,* la querida *Historia General y Natural de las Indias,* que se terminaba en septiembre de 1535 en Sevilla, en las prensas de Cromberger, que tuvo un éxito inmediato, como el propio Oviedo se vanagloria (35) al decir que ... *aquel libro está ya en lengua toscana y francesa e alemana, e latina, e griega, e turca, e arábiga... aunque yo le escrebí en castellano.* Este aserto es un poco exagerado, pues las traducciones no fueron a tantos idiomas.

Con los primeros ejemplares de su obra ésta regresa a comienzos de 1536 a Santo Domingo, donde no le aguardan buenas noticias. Su hijo —el que le había sucedido en la veeduría de Panamá— había muerto al atravesar el río de Arequipa, y sus dos hijos se lo enviaban al abuelo, uno de los cuales moriría a poco. A estas malas incidencias familiares se unían las públicas de la Española y de las Antillas. Estas estaban siendo asediadas por los desmanes de los piratas, lo que obligó al alcaide —Oviedo— de Santo Domingo a incrementar la artillería de la fortaleza y proponer que se demolieran unas casas que impedían impartir debidamente el fuego en caso de ataque, proponiendo además —como hiciera años antes Ponce de León (36)— que se formaran escuadrillas volantes, que fueran una especie de policía del mar (37):

Alternaba todas estas ocupaciones con la explotación de una finca a orillas del río Jaina, donde ensaya nuevos cultivos, con notable éxito, como naturalista empírico que era desde que había llegado a las Indias. Desea volver a España, lo que solicita del Rey, para imprimir la Seguna Parte de su *Historia,* pero se le deniega el permiso por la guerra contra los turcos y Francia. Será un asunto de la Isla —la protesta de los vecinos contra el Licenciado Alonso López de Cerrato y sus excesos— el que facilite este viaje, como procurador de la ciudad, saliendo en agosto de 1546 y arribando a San Lúcar en octubre. Le acompañaba el capitán Alonso de la Peña, que marcha a Alemania a entrevistarse con el Emperador, que era el que debía decidir los asuntos de Santo Domingo, según les

(34)   *Historia General,* IIª Parte. Lib. XIV, cap. 54.

(35)   Como se verá al final de este estudio, al tratarse concretamente del *Sumario.*

(36)   Ver Ballesteros Gaibrois, 1972.

(37)   A.G.I Gob. de La Española, Leg. 3 núm. 1.

dijeron en Aranda de Duero, donde estaba ubicado a la sazón el Consejo de Indias. El mismo Fernández de Oviedo nos relata que el año de 1547 lo pasó en Sevilla, escribiendo:

E assí lo restante del año lo passé al fuego o lo del venidero e presente de 1548 no bizo calor... lo gasté en esto (38) *y en la impresión de aquel devoto libro de las* Reglas de la vida espiritual o secreta Theología, *que yo passé e traducí de la lengua toscana* (39) *en esta nuestra castellana, en la cual el impresor ganó pocos dineros, e yo ninguno* (40).

Lo que Fernández de Oviedo esperaba era el regreso del capitán Alonso de la Peña, que volvió victorioso de sus gestiones, ya que Cerrato era removido y el antiguo presidente de la Audiencia de la Española, Alonso de Fuenmayor, regresaba a su jurisdicción. Fernando de Austria, el hermano del Emperador, le escribió, por entonces, animándole a continuar su *Historia General.* Era el año 1459 cuando Fernández de Oviedo decide volver a la ya su nueva patria. Regresa Oviedo a las Indias no sólo porque allí tenía su oficio y su obligación, sino porque ya no sabía vivir en otro sitio. Era un indiano arraigado, un hombre de la tierra nueva. En la Torre del Homenaje de la fortaleza de Santo Domingo estaban sus habitaciones, su mesa de trabajo, la ordenación de sus cuadernos y de sus notas y *memoriales.* Y también allí estaba la gente que le estimaba como uno de los primeros y de la *cibdad,* y el estrado del presbiterio para los principales, entre los que se contaba, bajo cuyas losas descansaban para siempre (así lo creían) los restos del Descubridor del Nuevo Mundo. Allí estaba su patria y allá pasó en 1549, para quedar definitivamente en ella.

Ocho años residiría aún en Santo Domingo, dando fin entre tanto a las *Quincuagenas,* libro relacionado con la nobleza de España, nobleza a la que quiso pertenecer y a la que se acercó en cierto modo con la concesión de su escudo de armas en que se hace referencia a sus *nobles* antepasados. Y así le llegó la muerte. El licenciado Alonso de Maldonado fue el 26 de junio de 1557 a la fortaleza de la ciudad *donde halló muerto al dicho Gonzalo Fernández de Oviedo* (41). Moría en la tierra que tanto había amado y no en Valladolid, como aseguran algunos autores (42). Hay

(38)   Redactar el epílogo de *Officios.*

(39)   Es evidente que sus largas estancias en Italia le permitían conocer bien esta lengua.

(40)   *Officios de la Real Casa...* Códice escurialense, fol. 23.

(41)   A. Ballesteros Beretta, Tomo I, pág. 29, 1945.

(42)   Tanto Martín Fernández de Navarrete como Amador de los Ríos sostienen, sin que se sepa sobre qué fudamentos, como no sea el desconocimiento cuando escribían de la certificación del escribano Tejada, que

una certificación del escribano Miguel Murillo de Quesada, hecha el 27 de junio, que dice textualmente que ... *habiendo fallecido la noche antes i passado de la presente vida Gonzalo Fernández de Oviedo, Alcaide de S. Magestad de la fortaleza de la ciudad,* se procedió a su sepelio.

Aquel 27 de junio, por las anchas calles de la moderna Santo Domingo, planeada ya como las otras ciudades del Nuevo Mundo, marchó el cortejo funerario del Alcaide. Antes, en su cámara, se le había quitado del cuello la cadena con la llave de la fortaleza. El cortejo se dirigía a la Catedral, en cuya bóveda de Santa Lucía se le enterró. Y allí debe yacer —sus cenizas mezcladas con la tierra americana que tanto amó—, porque posteriormente, tras el hallazgo de los restos humanos de Cristóbal Colón, que no fue sin duda el descubridor (43) de las Indias, se levantó un monumento seudogótico para albergarlos.

La obra

La profesión de Fernández de Oviedo no es la de escritor, aunque sí del empleo de la pluma, pues fue notario del Tribunal del Santo Oficio, y de los de número de Madrid. El Veedor tiene también algo que ver con el levantamiento de actas, especialmente de fundiciones. Ni tampoco su profesión fue la de alcaide, ni la de procurador de los vecinos de Santa María o de los de Santo Domingo. Y sin embargo lo que le levanta sobre todos sus contemporáneos es la ingente obra que ha dejado, parte de la cual aún no ha sido editada convenientemente: tenemos la fortuna de que se conserven los manuscritos (44), aunque sabemos de alguno que hasta el momento no ha aparecido.

Antes de entrar en la consideración de las facetas indianas de la obra de Fernández de Oviedo, y en especial del *Sumario* que ahora editamos e introducimos, cabe hacer una visión de conjunto sobre esta polifacética producción de un hombre que parecería que no hubiera tenido otra ocupación que la de escribir, si no supiéramos que tuvo —como dicho va en las páginas anteriores—

Fernández de Oviedo emprende a comienzos de 1556 su viaje a España, para atender a la impresión de su *Historia* y que, estando en Valladolid, le sorprendió la muerte.

(43) Este monumento alberga las falsas cenizas. Ver Ballesteros Gaibrois, 1985.

(44) En el Congreso de la Historia de América celebrado en 1957 en Santo Domingo, el prestigioso historiador dominicano don Emilio Rodríguez Demorizzi propuso que se hiciese una edición completa de las obras de Fernández de Oviedo. La propuesta se aprobó por unanimidad, pero la edición no se ha realizado.

una actividad personal enorme, y que en sus setenta y cinco años viajó por toda Europa, por las principales ciudades de España, y por las Antillas y Tierra Firme, no permaneciendo de continuo en ningún sitio más de diez años.

Lo variado de su obra merece que la clasifiquemos, para mejor destacar el papel que juega el *Sumario* entre todas ellas. Esta clasificación, ya adelantada por mí en otra ocasión (45), es la siguiente (46):

I. Creación literaria:
   — *El Claribalte.*

II. Históricas:
   — *Sumario de la Historia Natural.*
   — *Cathalogo Real de Castilla.*
   — *Historia General y Natural de las Indias.*
   — *Batallas y Quinquagenas.*
   — *Quincuagenas.*
   — *Prisión del Rey de Francia.*
   — *Naufragio de Argel.*

III. Genealógicas:
   — *Cathalogo Real.*
   — *Batallas y Quinquagenas.*
   — *Tratado de las Armas.*
   — *Libro de los Linajes y Armas.*

IV. Moralizadoras:
   — *Respuesta a la Epístola Moral del Almirante de Castilla.*
   — *Reglas de la vida espiritual.*
   — *Quinquagenas.* (Los hechos notables son tomados como modelo moral.)

V. Políticas:
   — *Relación de los males causados en Tierra Firme por Pedrarias Dávila.*
   — *Escritos dirigidos al Consejo de Indias.* (Aunque no tengan el carácter de libros.)

VI. Administrativas y de corte:
   — *Libro de la Cámara Real del Príncipe Don Juan.*
   — *Libro de los Oficios.*

(45) Ballesteros Gaibrois, 1981, pág. 237.
(46) Referencias de ficha, al final, en la Bibliografía.

Aunque en este estudio preliminar deberíamos referirnos sólo a la obra que introducimos, es decir al *Sumario de la Historia Natural de las Indias*, no hemos de olvidar que este libro es el anuncio de su gran *Historia*, a la que hace frecuente referencia en el *Sumario*. Por esta razón hemos de considerar las características de la información indiana que ya entonces (1525) tenía recogida Fernández de Oviedo y que cuaja cuando edita la primera y segunda partes de la *Historia*. Al hacer este análisis nos encontraremos con que el encasillamiento que como historiador se le suele hacer (por la gran importancia que da a los hechos humanos acaecidos en América) no es absolutamente exacto, ya que —como vamos a considerar— su polifacetismo de buen observador indiano le lleva a una preocupación geográfica, a una curiosidad y conocimientos naturalistas de primera fila, a una intuición etnográfica y etnológica que le sitúa entre los pioneros de la descripción de las primeras comunidades indígenas conocidas por los europeos, con una inclinación de tipo indigenista —no coincidente con la de Bartolomé de las Casas— insólita en un secular. En último término, es historiador y, en gran parte, historiógrafo, es decir, narrador de hechos, sucesos, acontecimientos, de personas que fueron contemporáneas. Todo ello servido por un estilo literario que merece especial atención.

Comencemos el breve análisis, al que he dedicado en otro lugar un espacio más amplio (47).

Ya en el *Sumario* da idea de su preocupación geográfica. A él le tocó muy de cerca el considerar que América —por el descubrimiento del Pacífico, precisamente en Pánamá, donde él iba a vivir largo tiempo— no era parte de Asia. Ante la realidad, sin embargo, hábil servidor de los intereses reales, como ha estudiado Bataillon, pretende en alguna ocasión identificar las Indias con las Hespérides, y demostrar que los primitivos caudillos hispánicos señorearon aquellas tierras, lo cual significaría una legitimidad de los reyes de España a la posesión después del Descubrimiento. Todos sus razonamientos geográficos son lógicos, coherentes y críticos, no fiándose siquiera de las elucubraciones de Pigafetta y otros sobre Trapobana.

Donde sí es notable lo que pudiéramos llamar *especialización* de Oviedo es en el campo de las que hoy llamamos Ciencias Naturales, o Historia Natural, como él mismo denomina a su quehacer; buena prueba es el *Sumario* que aparece en esta edición. Aunque es seguro que en cortes y en el aula regia, donde debió asistir a las clases que allí se impartían, algo se debió relacionar con la Historia Natural, pero más como una cita erudita de Plinio o de

(47)   *Op. cit; 1981.*

Aristóteles (que él con frecuencia menciona en sus obras), este bagaje no le sería de mucha utilidad frente a la verdadera revolución que ofrecían las cosas de las Indias —flora, fauna, naturaleza en general— frente a las ideas que sobre el mundo y sus pobladores vegetales o animales se sabían en la Europa de su tiempo. Todos los aspectos del conocimiento naturalístico de Fernández de Oviedo han sido estudiados a fondo por Alvarez López, y a su trabajo remitimos para quien desee mayor amplitud (48).

Quizá sea en la *Botánica*, la más compleja de las Ciencias de la naturaleza, donde brilla la curiosidad y rigor de descripción de Fernández de Oviedo, que la antepone a la *Zoología*. No sólo se detiene en *contar* y *describir* cómo son las plantas (y sus frutos y flores) de las Indias, sino que se adelanta a los sistemas descriptivos que serán patrimonio de los científicos casi ciento cincuenta años después. Aunque no es precisamente un herbolario, muy posiblemente aprendió en Italia la importancia que se daba al conocimiento de los vegetales (como en su tiempo lo hacían Fuchs y Loberlius, de los que seguramente no tuvo noticias); pero a Fernández de Oviedo le interesa más la presentación de informes sobre cómo eran, que las virtudes curativas de frutos y vegetales en general, como había sucedido a lo largo de la Edad Media. La ordenación que de las plantas establece es absolutamente personal, y atiende también a sus utilizaciones industriales o prácticas (49). Hace una distinción bien clara entre los vegetales no arbóreos —a los que llama *plantas*— y los árboles, que le maravillan, y en cuya descripción consuma páginas y páginas de su *Historia*, de la que es un anuncio el crecido número de capítulos que le dedica en este *Sumario*. Las plantas le impresionan especialmente, y dedica atención a la aclimatación —de segunda generación la llama— de las importadas de España.

Si asombroso era, para Fernández de Oviedo, el mundo vegetal, no lo será menos el animal. Es también un zoólogo consumado, al menos en la clasificación (en que sigue a Plinio) y descripción, ya que se encuentra con cuadrúpedos, reptiles, aves (que diferencia las de mar y tierra), animales acuáticos e insectos. Valiéndose de la licencia real para obtener informes —que él transforma en casi una orden, como vimos—, consigue noticia de animales que él no vio o contempló personalmente, como las *ovejas* de Perú, llamando así (como lo hacían al comienzo los conquistadores) a las llamas y alpacas, identificando a los auquénidos con los camellos. Asimismo, los bisontes son para él —como lo fueron para Cabeza de Vaca— *vacas y toros monteros,* cuya baja testuz y pelambre pondera, como diferencia esencial con los vacunos europeos. Por la minuciosidad con que se recrea en las aves america-

(48)   Alvarez López, 1957.
(49)   Ver Moscoso, 1943.

nas, Alcides d'Orbigny le reputó el primer ornitólogo del mundo moderno. Cuidadoso de las definiciones para decir lo que son los insectos, se apoya en Plinio: *Como dice Plinio, es opinión de algunos que no alientan ni tienen sangre. Llámalos insectos porque son cortados o recintos en el cuello, o en el pecho, o en otras partes o lugares de sus coyunturas... y maravíllase cómo en tan pequeña cosa pueda haber alguna razón o potencia* (50).

Resumiendo, Fernández de Oviedo tuvo en titular a sus obras indianas como *historias naturales*, tanto en el presente *Sumario* como en la grande obra (que precisará en su día una nueva edición asequible al gran público, como esta edición) en que empeñó los años subsiguientes. Quedan sólo un par de aspectos que no es ésta la ocasión de tratar, su condición de etnólogo y su actitud ante los indios, o sea su indigenismo, que dejamos para el análisis que hacemos a continuación sobre el *Sumario*.

No es necesario ponderar, porque el lector lo apreciará por sí mismo, que la prosa de Fernández de Oviedo es límpida y clara, que fluye sin esfuerzo, que es comprensible y elocuente (sin artificios oratorios, paradójicamente), y da una extraordinaria vivacidad a aquellos que describe o narra. Si en otra ocasión tenemos oportunidad de tratar del tema, allí habrá que mencionar sus condiciones de narrador, porque realmente el *Sumario*, pese a hacer constante referencia a la *Historia* que va preparando, no es precisamente una exposición histórica, aunque pondere la grande obra del Almirante descubridor.

El Padre Las Casas acusó a Fernández de Oviedo de ser uno de los tiranos de Castilla del Oro, cuando en realidad es Fernández de Oviedo el que denuncia a Pedrarias por sus inhumanidades. Si tuvo indios en encomienda, o trabajaron para él, no se trata de una excepción, sino de una norma general. ¿Qué razones impulsaron al impulsivo —valga la redundancia— dominico a verter sobre el cronista todo género de dicterios? No es necesario conjeturar demasiado. Fernández de Oviedo fue leal relator de los hechos históricos de la fallida colonización utópica de Fray Bartolomé en Cumaná, y no la relata por informe de otros, sino que conocía muy bien toda su gestación y desarrollo y muy certeramente recuerda que había predicho la catástrofe. Las Casas llega en su ira —y a los lascasianos nos duele esta inquina personalísima del protector de los indios— a englobar a Fernández de Oviedo individualizándolo, en la masa de los que arruinaron y esquilmaron en Tierra Firme. Así queda la imagen de Fernández de Oviedo cruel y opresor de los indios. Bien dice Amador de los Ríos, en el Prólogo a la *Historia General* (51) que *esta* —refiriéndose a la acusación del Padre las Casas— *había de producir nuevos errores*. Uno de éstos

(50)   *Historia,* Tomo I, pág. 459. Ed. de Amador de los Ríos.
(51)   Pág. XLVIII.

sería, como recuerda José Miranda (52), el artículo *de la Biographie Universalle ancienne et moderne* (que) *convierte a Fernández de Oviedo en abominable tirano de los indios de Haiti* (t. XXXII, págs. 310-311), haciendo extensivas las acusaciones de Fray Bartolomé a los tiempos pacíficos en que Fernández de Oviedo fue alcalde de Santo Domingo.

El Sumario

Terminemos esta larga, pero necesaria introducción, deteniéndonos en la obra que el lector tiene en sus manos. Notemos en ella, primeramente, como ya se dijo en su esquema biográfico, que es una prueba doble de la capacidad extraordinaria de Fernández de Oviedo. En primer lugar, es una muestra de su extraordinario conocimiento —tras una muy relativamente corta estancia en las Indias— de cuanto podía interesar al mundo europeo de lo que en el Nuevo Mundo había de diferente de lo conocido. En segundo, que escrito para satisfacer la curiosidad manifestada por Carlos I en sus conversaciones con Fernández de Oviedo, fue redactado de memoria, lo que muestra esta potencia mental de nuestro cronista.

Editado por primera vez en Toledo, en 1526 (53), aparece con dos títulos, aunque coincidentes en lo sustancial: *De natural istoria de las Indias* (en la portada) y el de *Sumario de la natural y general istoria de las Indias,* en la parte interior, que es el que ha prevalecido. Aunque el propio autor se vanagloria de truducciones a los más exóticos idiomas —como el turco—, lo cierto es que aunque tuvo una inmediata resonancia, no pasó del latín, el inglés y el italiano. Chauvetón la vertió al latín, apareció en italiano en Venecia en 1534 (ocho años después de la edición en castellano) en 1555, en Londres, en inglés, y Ramusio lo incluyó en sus célebres *Navigationi el viaggi,* en Venecia (1550-74).

Un poco olvidado durante siglos —quizá oscurecido por la edición de la *Historia* grande— se reedita por González Barcia en sus *Historiadores Primitivos de Indias,* en el volumen I (54), tardando más de un siglo en volverse a imprimir, en la *Biblioteca de Autores Españoles,* vol. 22 (55), y noventa años después por Enrique Alvarez López (56). La más reciente reedición es la de José Miranda,

(52) En su *Introducción* a su ed. del *Sumario* (1950), pág. 173.
(53) En el colofón dice: *El presente tratado... se imprimió a costas del autor... por industria del maestro Ramón de Petras: y se acabó en la ciudad de Toledo a 15 días del mes de febrero de 1526.*
(54) Madrid, 1749.
(55) Madrid, 1852.
(56) Madrid, 1942.

en la *Biblioteca Americana* (57) del Fondo de Cultura Económica de México (58), con un excelente estudio y ensayo preliminar del editor. Quizá, como decimos más arriba, esta dilatada serie, poco numerosa, de ediciones responde a que para muchos el *Sumario* es como un resumen de la *Historia* mayor, cuando es por el contrario un anuncio o avance de los que ésta va a contener, aunque sólo en las partes que pasamos a comentar, analizando la obra, ya que la parte que llamaríamos verdaderamente *histórica* en el sentido tradicional, apenas viene esbozada en este *Sumario*. No se trata, pues, de una abreviatura identificable con otra obra, sino de un tratado originalísimo, cuyo tema coincide, pero ni siquiera se corresponde con libros o capítulos de la gran *Historia*.

Veamos en qué consiste el contenido. De él dice en los párrafos finales el propio autor:

Sacra, católica, cesárea, real majestad: Yo he escrito en este breve sumario o relación lo que de aquesta natural historia he podido reducir a la memoria, y dejado de hablar de otras cosas muchas de que enteramente no me acuerdo...

Sin embargo, el recuerdo le permitió encerrar en el *breve sumario* una variada información, que permitió al lector de 1526 tener una noticia de lo que había en Indias, mucho más precisa que lo que hasta entonces se iba sabiendo. Siete son los aspectos indianos que Fernández de Oviedo trata en este Sumario: náuticos, geográficos, etnográficos, zoológicos, botánicos, de plagas y de las explotaciones extractivas.

Comencemos, como él mismo lo hace en su capítulo I, con los aspectos náuticos. Es una descripción de las rutas a seguir desde la península hasta Canarias, primeras islas del Caribe, La Española y luego Tierra Firme. Indica, lo que es de subrayar, que se pasa por la isla de la Gomera, ya entonces famosa para los navegantes, porque *allí los navíos toman refrescos de agua y leña, y quesos y carnes frescas, y otras cosas, las que les parece que deben añadir sobre el principal bastimento, que ya desde España llevan.*

Los recuerdos que Fernández de Oviedo, y sobre los cuales, antes de ponerse a escribir debió hacer un guión o recuento, los ordena con gran lógica en el *Sumario*, para un mejor entendimiento de la materia. Por esta razón, dado que lo que va describiendo después se refiere a las tierras entonces conocidas, ya que de México, ya conquistado, apenas se sabía lo que las *Cartas* cortesianas habían dejado ver, por esos mismos años, y no mucho, se impone una descripción del territorio. Así, el capítulo II se dedica a La Española y el VIII a Cuba y el IX a Tierra-Firme. El Capítulo

(57) *Sección Cronistas de Indias.*
(58) 1950.

LXXXV tiene un valor extraordinario para revelarnos la intuición geográfica de Fernández de Oviedo, ya que al hablar del tráfico hacia las especierías, al Maluco (Molucas) y referirse al Estrecho de Magallanes, sugiere la posibilidad de la perforación terrestre, por la zona ístmica, de un canal.

Establecido el orden y la prelación, le parece que antes de seguir con la naturaleza, que en grandes rasgos ha descrito en los capítulos citados, conviene hablar de los habitantes, y a ellos dedica los capítulos III, IV, V, VI y X. En estas páginas, lo cual afirmará completamente en su *Historia*, paralela en muchos casos a la del dominico Las Casas, planta cronológicamente el primero su banderín de príncipe de los etnógrafos de América, como ya he hecho resaltar en otro trabajo mío, en ocasión del centenario de su muerte (59). La primacía —por ello lo designo como el *primero* y *príncipe* de los etnógrafos indigenistas de América— consiste inicialmente en reconocer a los indios como seres humanos, con pleno discernimiento, capaces de organizarse, inventores de soluciones técnicas y alimenticias (a ello dedica sustanciosos párrafos) que les permitieron establecer sociedades, crear grupos directivos y sobrevivir sobre el terreno. Sus costumbres, régimen social, economía, creencias vienen magistralmente descritas por Fernández de Oviedo. Cierto es que Fray Ramón Pané ya había escrito antes que él, pero de un modo limitado, y como respuesta a una orden que le fue dada de que hiciera el trabajo, y sobre un grupo limitado de habitantes de las Antillas. No es un trato exoticista el que hace de la vida indígena Fernández de Oviedo, sino propiamente etnológico. Quizá por esta razón y la de los capítulos geográficos ya mencionados es por lo que —como dijimos— en alguna edición extranjera se incluye el *Sumario* en colecciones de viajes.

Ya perfilado el modo de llegar a las Indias, la naturaleza del paisaje y los habitantes que han cultivado el territorio, Fernández de Oviedo entra en lo que propiamente responde al título: la *Historia Natural*. A la Zoología dedica nada menos que cincuenta capítulos (del XI al LXI) y a la Botánica dieciocho (del LXII al LXXX). No me arriesgo a desflorar el entusiasmo del lector adelantando comentarios, que él mismo hará, pero sí afirmar que Fernández de Oviedo es el primer naturalista del Nuevo Mundo, que sistemáticamente va haciendo descripción de seres vivos animales, de árboles, plantas y frutos.

En su *conclusión* hace un canto a las riquezas de las Indias y a ello ha correspondido en algunos capítulos —como expusimos en la mención de las especialidades que trata— con la descripción de actividades extractivas: Oro (capítulo LXXXII) pesquerías (Capítulo LXXXIII) y perlas (capítulo LXXXIV).

Curioso es el capítulo LXXXI en que habla de las plagas espa-

(59)   Ballesteros Gaibrois, 1957.

ñolas e indígenas, asombrándose de que al pasar la raya equinoccial desaparecieran los piojos, que renacían cuando se regresaba a España.

Es el *Sumario* una pequeña joya literaria y americanista, que no podía faltar en esta Colección. Hacemos votos por que sea posible conocer la grande obra, tantas veces mencionada por Fernández de Oviedo en este libro, la *Natural Historia*.

Manuel Ballesteros Gaibrois

BIBLIOGRAFIA

AMADOR DE LOS RIOS, José (1851-5), «Vida y Juicio de las obras de Gonzalo Fernández de Oviedo». Introducción a la ed. de la *Historia General* de la Real Academia de la Historia. Madrid.

ALVAREZ LOPEZ, Enrique (1957), «La Historia en Fernández de Oviedo». *Revista de Indias,* núms. 69-70. Madrid.

ALVAREZ RUBIANO, Pablo (1944), *Pedrarias Dávila, el Gran Justador.* Instituto Gonzalo Fernández de Oviedo (C.S. de I.C.), Madrid.

ASENSIO, Eugenio (1949), «La carta de Gonzalo Fernández de Oviedo al Cardenal Bembo, sobre la navegación del Amazonas». *Revista de Indias,* núms. 37-38. Instituto Gonzalo Fernández de Oviedo (C.S. de I.C.), Madrid.

BALLESTEROS-BERETTA, Antonio, y Mercedes GAIBROIS DE BALLESTE-ROS (1940), *Ensayos Históricos,* Madrid.

BALLESTEROS-BERETTA, Antonio, *Cristóbal Colón y el Descubrimiento de América,* Salvat, Barcelona.

BALLESTEROS GAIBROIS, Manuel (1940), *Escritores de Indias,* tomos I y II. Zaragoza.

BALLESTEROS GAIBROIS, Manuel (1943), «*Juan Caboto*». *Revista de Indias.* Madrid.

BALLESTEROS GAIBROIS, Manuel (1951), «La clave de los descubrimientos de Juan Caboto». Génova. *Studi Colombiani,* vol. II.

BALLESTEROS GAIBROIS, Manuel (1953), *La Obra de Isabel la Católica,* Segovia.

BALLESTEROS GAIBROIS, Manuel (1957), «Fernández de Oviedo, etnólogo». *Revista de Indias.* Año XXVII, núms. 69-70. Madrid.

BALLESTEROS GAIBROIS, Manuel (1952), *Vida del madrileño Gonzalo Fernández de Oviedo.* Instituto de Estudios Madrileños. Madrid.

BALLESTEROS GAIBROIS, Manuel (1972), *La Idea Colonial de Ponce de León.* Instituto de Cultura Puertorriqueña. San Juan de Puerto Rico.

BALLESTEROS GAIBROIS, Manuel (1981), *Vida y obra de Gonzalo Fernández de Oviedo.* Fundación Universitaria Española. Madrid.

BATAILLON, Marcel (1954), *Fernández de Oviedo y la Crónica Oficial de las indias* ECUMENE Buenos Aires.

BRANDI, Karl (1947), *Carlos V. Trad. de M. Ballesteros-Gaibrois, Prólogo y Epílogo de A. Ballesteros Beretta.* Editora Nacional. Madrid.

CARBIA, Rómulo D. (1940), *La Crónica Oficial de las Indias Occidentales.* Buenos Aires.

CASAS, Fr. Bartolomé de las (1951), *Historia de las Indias.* Fondo de Cultura Económica, Méjico.

CASTAÑEDA Y ALCOVER, Vicente, ·Don Fernando de Aragón, Duque de Calabria, Apuntes biográficos·. *Revista de Archivos, Bibliotecas y Museos,* t. XXV.

ENRIQUEZ UREÑA, Pedro (1940), *El español en Santo Domingo.* Instituto de Filología de la Universidad de Buenos Aires. Bs. Aires.

ENRIQUEZ XE CABRERA, Fadrique, *Epístola Moral* (sobre los males de España y su causa) ... *a un hombre docto* (Gonzalo Fernández de Oviedo) *y respuesta de ése.* Ms. en la Biblioteca Nacional, 7075. Publicada una Relación en CODOIN, t. XXXVIII, págs. 404-492).

FERNANDEZ DE OVIEDO, Gonzalo (1519), *Libro del muy esforzado e invencible cabellero de fortuna, propiamente llamado Don Claribalte...* Valencia.

FERNANDEZ DE OVIEDO, Gonzalo (1524), *Las respuestas a la Epístola Moral del Almirante* Fadrique Enríquez de Cabrera). Mss. en la B. N. de Madrid, núm. 7075.

FERNANDEZ DE OVIEDO, Gonzalo (1524), *Relación hecha por — de los males causados en Tierra Firme por el gobernador Pedrarias.* A. G. Simancas y *Colección Muñoz de la Real Academia de la Historia.*

FERNANDEZ DE OVIEDO, Gonzalo (1851), *Historia General y Natural de las Indias,* con *Introducción* de José Amador de los Ríos. Ed. de la Real Academia de la Historia. Madrid.

FERNANDEZ DE OVIEDO, Gonzalo (1959), Ed. y estudio preliminar de Juan Pérez de Tudela y Bueso. Bca. De Autores Españoles. 5 vols. Eds. Atlas. Madrid.

FERRANDO, Roberto (1957), ·El conocimiento del Mar del Sur en Fernández de Oviedo·, *Revista de Indias,* núm. 69-70. Madrid.

GIMENEZ FERNANDEZ, Manuel, *Bartolomé de las Casas, delegado de Cisneros para la reformación de las Indias.* Sevilla, 1953.

GIMENEZ FERNANDEZ, Manuel (1956), *El Plan Cisneros-Las Casas.* Escuela de Estudios Hispanoamericanos. Sevilla.

GIMENEZ FERNANDEZ, Manuel (1960), *Breve biografía de fray Bartolomé de las Casas.* Sevilla.

GINES DE SEPULVEDA, Juan (1950), *De las justas causas de la guerra contra los indios.* Fondo de Cultura Económica. Méjico.

HANKE, Lewis (1949), *La lucha por la justicia en Conquista de América.* Ed. Sudamericana. Buenos Aires.

GIMENEZ FERNANDEZ, Manuel (1954), *Fray Bartolomé de las Casas.* Santiago de Chile.

IGLESIA PARGA, Ramón (1942), *Cronista a Historiadores de la Conquista de América,* Colegio de Méjico. Méjico.

JOS, Emiliano (1940), «Fernando Colón y su Historia del Almirante». *Revista de Historia de América,* núm. 9. Méjico.

LLANOS Y TORRIGLIA, Félix de, *Isabel la Católica.* Col. Pro Ecclesia y Patria. Barcelona, Labor.

LOPEZ DE MENESES, Amada (1958), «Andréa Navagero, traductor de Fernández de Oviedo». *Revista de Indias,* núm. 71. Madrid.

MIRALLES DE IMPERIAL Y GOMEZ, Claudio (1958), «Del linaje y armas del primer cronista de Indias». *Revista de Indias,* núm. 71. Madrid

MONTE Y TEJADA, Antonio del (1911), *Historia de Santo Domingo.* Santo Domingo. 1911.

MOSCOSO, R. M. (1943), *Cathalgus florae Dominguensis,* Nueva York.

O'GORMANN, Edmundo (1941), «Sobre la naturaleza bestial del indio americano». *Revista de Filosofía y Letras,* núm. 1 y 2, Méjico.

O'GORMANN, Edmundo (1946), *Sucesos y diálogos de la Nueva España,* Imprenta Universitaria.

OLMEDILLAS, Nieves (1975), *El exotismo en la obra de Pedro Martyr de Angbiera.* Editorial Gredos, Madrid.

OTTE, Enrique (1956), «Una carta inédita de Gonzalo Fernández de Oviedo». *Revista de Indias,* núm. 65, págs. 437-58. Madrid.

OTTE, Enrique (1958), «Aspiraciones y actividades heterogéneas de Gonzalo Fernández de Oviedo, cronista». *Revista de Indias,* núm. 71, págs. 9-61. Madrid.

OTTE, Enrique (1962), «Gonzalo Fernández de Oviedo y los genoveses. El Primer registro de Tierra Firme». *Revista de Indias,* núms. 89-90, págs. 515-19. Madrid.

OTTE, Enrique (1971), «*Semblanza espiritual del poblador de Indias (siglos XVI y XVII)*». Actas del XXXVIII Congreso Internacional de Americanistas, t. III, págs. 44-49. Stuttgart-München.

OTTE, Enrique (1977), «*Un episodio desconocido de la vida de los cronistas de Indias, Bartolemé de las Casas y Gonzalo Fernández de Oviedo*». Ibero-Amerikanisches Archiv, Año 3, Heft 2, Berlín.

OTTE, Enrique (1978), «Documentos inéditos sobre la estancia de Gonzalo Fernández de Oviedo en Nicaragua». *Revista de Indias,* núms. 73-74. Madrid.

OTTE, Enrique (1977), *Las perlas del caribe: Nueva Cádiz de Cubagua.* Fundación John Boulton, Caracas.

PEÑA Y DE LA CAMARA, José de la (1957), «Contribuciones documentales y críticas para la biografía de Gonzalo Fernández de Oviedo». *Revista de Indias,* núms. 69-70, Madrid.

PEÑA Y DE LA CAMARA, José de la (1957), *Fernández de Oviedo y el cargo de Cronista de Indias.* Comunicación al II Congreso Hispanoamericano de Historia, Ciudad Trujillo.

PEREZ DE TUDELA BUESO, Juan (1957), «Rasgos del semblante espiritual de Gonzalo Fernández de Oviedo: La hidalguía caballeresca ante el nuevo mundo». *Revista de Indias,* núms. 69-70. Madrid.

PEREZ DE TUDELA BUESO, Juan (1959), *Edición de la Historia General de Fernández de Oviedo, con estudios preliminares y abundantes notas,* 5 vols. Ediciones Atlas, Madrid.

43

QUINTANA, Jerónimo de la (1957), *Historia de la antigüedad, Nobleza y Grandeza de la Villa de Madrid.* Edición del Ayuntamiento de Madrid. Madrid.

SALAS, Alejandro (1954), «Fernández de Oviedo, crítico de la Conquista y de los Conquistadores». *Cuadernos Americanos,* vol. LXXIV, Méjico.

VAZQUEZ VERA, Josefina Zoraida (1957), *El indio americano y su circunstancia en la obra de Oviedo,* Universidad Nacional Autónoma de Méjico. Méjico, 1956. También publicado en *Revista de Indias,* núms. 69-70, Madrid.

VEDIA, Enrique de (1877), *Historiadores primitivos de Indias.* Colección de Autores Españoles. Madrid.

VICENS VIVES, Jaime (1940), *Política del Rey Católico en Cataluña.* Editorial Destino. Barcelona, 1940.

SUMARIO
DE LA
NATURAL HISTORIA
DE LAS
INDIAS

DEDICATORIA

Sacra, católica, cesárea, real Majestad (1): *La cosa que más conserva y sostiene las obras de natura en la memoria de los mortales, son las historias y libros en que se hallan escritas; y aquellas por más verdaderas y auténticas se estiman; que por vista de ojos el comedido entendimiento del hombre que por el mundo ha andado se ocupó en escribirlas, y dijo lo que pudo ver y entendió de semejantes materias. Esta fué la opinión de Plinio, el cual, mejor que otro autor en lo que toca a la natural historia, en treinta y siete libros, en un volumen dirigido a Vespasiano, emperador, escribió; y como prudente historial, lo que oyó, dijo a quién, y lo que leyó, atribuye a los autores que antes que él lo notaron; y lo que él vió, como testigo de vista, acumuló en la sobredicha su historia. Imitando al mismo, quiero yo, en esta breve suma, traer a la real memoria de vuestra majestad lo que he visto en vuestro imperio occidental de las Indias, islas y tierra-firme del mar Océano, donde há doce años* (2) *que pasé por veedor de las fundiciones del oro, por mandato del Católico rey don Fernando, quinto de tal nombre, que en gloria está, abuelo de vuestra majestad, y después de sus días he servido, y espero servir lo que de la vida me quedare, en aquellas partes a vuestra majestad. Todo lo cual, y otras muchas cosas de esta calidad, muy*

(1)   Fernández de Oviedo, como antes Hernán Crotés, alterna los títulos de *católica* y *real,* que eran de España, con los de *cesárea* y *Majestad,* propios del Imperio Germánico. Los Reyes Católicos, abuelos de Carlos I, sólo usaron el tratamiento de *altezas.*

(2)   Pasó a Castilla del Oro (luego Tierra-Firme) con Pedrarias Dávila.

copiosamente yo tengo escrito, y está en los originales y crónica que yo escribo desde que tuve edad para ocuparme en semejante materia, así de lo que pasó en España desde el año de 1490 años hasta aquí, como fuera de ella, en las partes y reinos que yo he estado; distinguiendo la crónica y vidas de los Católicos reyes don Fernando y doña Isabel, de gloriosa memoria, hasta el fin de sus días, de lo que después de vuestra bienaventurada sucesión se ha ofrecido. Demás de esto, tengo aparte escrito todo lo que he podido comprender y notar de las cosas de Indias (3); y porque todo aquello está en la ciudad de Santo Domingo, de la isla Española, donde tengo mi casa y asiento y mujer y hijos, y aquí no traje ni hay de esta escritura más de lo que en la memoria está y puedo de ella aquí recoger (4), determino, para dar a vuestra majestad alguna recreación, de resumir en aqueste repertorio algo de lo que me parece; que aunque acá se haya escrito y testigos de vista lo hayan dicho, no será tan apuntadamente en todas estas cosas como aquí se dirá; aunque en algunas de ellas, o en todas, hayan hablado la verdad los que a estas partes vienen a negociar o entender en otras cosas que de más interés les puedan ser; los cuales quitan de la memoria las cosas de esta calidad, porque con menos atención las miran y consideran que el que por natural inclinación, como yo, ha deseado saberlas, y por la obra ha puesto los ojos en ellas. Aqueste sumario no contradirá lo que, como he dicho, más extensamente tengo escrito; pero será solamente para el efecto que he dicho, en tanto que Dios me lleva a mi casa, para enviar desde allí todo lo que tengo penetrado y entendido de esta verdadera historia; a la cual dando principio, digo así: Que, como es notorio, don Cristóbal Colón, primero almirante de estas Indias, las descubrió en tiempo de los Católicos reyes don Fernando y doña Isabel, abuelos de vuestra majestad, en el año de 1491 años, y vino a Barcelona en el de 1492 (5), con los primeros indios

(3) Véase al final de la *Introducción* la lista cronológica de las obras de Fernández de Oviedo.

(4) Alarde perdonable de que ha escrito muchas —lo que era cierto— y que esta obra la redacta de memoria, sobre cosas que conoce personalmente a fondo.

(5) Error de fechas inexplicable en hombre tan exacto y de buena retentiva.

y muestras de las riquezas, y noticias de este imperio (6) *occidental; el cual servicio hasta hoy es uno de los mayores que ningún vasallo pudo hacer a su príncipe, y tan útil a sus reinos como es notorio; y digo tan útil, porque hablando la verdad, yo no tengo por castellano ni buen español al hombre que esto desconociese. Pero porque aquesto está más particularmente dicho y escrito por mí donde he dicho, no quiero decir en esta materia otra cosa, sino, abreviando lo que de suso prometí, especificar algunas cosas, las cuales serán muy pocas, a respeto de los millares que de esta calidad se pueden decir. E primeramente trataré del camino y navegación, y tras aquesto diré de la manera de gente que en aquellas partes habitan* (7)*; y tras esto, de los animales terrestres y de las aves y de los ríos y fuentes y mares y pescados* (8)*, y de las platas y yerbas y cosas que produce la tierra, y de algunos ritos y ceremonias de aquellas gentes salvajes. Pero porque ya yo estoy despachando para volver a aquella tierra y ir a servir a vuestra majestad en ella, si no fuere tan ordenado lo que aquí está contenido, ni por tanta regla dicho como me ofrezco que estará en el tratado que he dicho que tengo copioso de todo ello, no mire vuestra majestad en esto, sino en la novedad de lo que quiero decir, que es el fin con que a esto me muevo; lo cual digo y escribo por tanta verdad como ello es, como lo podrán decir muchos testigos fidedignos que en aquellas partes han estado, que viven en estos reinos, y otros que al presente en esta corte de vuestra majestad hoy están y aquí andan, que en aquellas partes viven.*

(6)   La palabra *imperio* —que repite en varias ocasiones a lo largo de su escrito— tiene aquí un sentido de dominio territorial y carece del mismo significado del Imperio Sacro Romano-Germánico, de que era también titular Carlos V. Este *imperio* era puramente español, y no dependía del de los Habsburgo.

(7)   Este aspecto etnográfico, como veremos a lo largo del *Sumario*, primó mucho en el concepto descriptivo de Fernández de Oviedo, aunque considerándolo *historia natural.* (Ver Ballesteros Gaibrois, en *Bibliografía*).

(8)   Confusión entre *peces* y *pescados,* aún hoy muy frecuente en el habla castellana.

Capítulo I

De la navegación

La navegación desde España que comúnmente se hace para las Indias, es desde Sevilla, donde vuestra majestad tiene su casa real de contratación (9) para aquellas partes, y sus oficiales, de los cuales toman licencia los capitanes y maestres de las naos que aquel viaje hacen, y se embarcan en San Lúcar de Barrameda, donde el río de Guadalquivir entra en el mar Océano, y de allí siguen su derrota para las islas de Canaria, y comúnmente tocan a una de dos de aquellas siete, que son y es en Gran Canaria o en la Gomera; y allí los navíos toman refresco de agua y leña, y quesos y carnes frescas, y otras cosas, las que les parece que deben añadir sobre el principal bastimento, que ya desde España llevan. A estas islas, desde España, tardan comúnmente ocho días, poco más o menos; y llegados allí, han andado doscientas y cincuenta leguas. De las dichas islas, tornando a proseguir el camino, tardan los navíos veinticinco días, poco más o menos, hasta ver la primera tierra de las islas que están antes de la que llamamos Española; y la tierra que comúnmente se suele ver primero es una de las islas que llaman Todos Santos, Marigalante, la Deseada, Matitino, la Dominica, Guadalupe, San Cristóbal, etc., o alguna de las otras muchas que están con las susodichas. Pero algunas

(9)   Aunque va con minúsculas, se refiere a la Casa de Contratación de Sevilla, primer organismo indiano, fundado en 1504, siguiendo el ejemplo de la *Casa de Guiné* de Lisboa, aunque luego tendría funciones mucho más amplias que las puramente mercantiles.

veces acaece que los navíos pasan sin ver ninguna de las dichas islas ni de cuantas en aquel paraje hay, hasta que ven la isla de San Juan (10), o la Española, o la de Jamaica, o la de Cuba, que están más adelante, o por ventura ninguna de todas ellas, hasta dar en la Tierra-Firme; pero aquesto acaece cuando el piloto no es diestro en la navegación. Pero haciéndose el viaje con marineros diestros, de los cuales ya hay muchos, siempre se reconoce una de las primeras islas que es dicho, y hasta allí se navegan novecientas leguas desde las islas de Canaria, o más; y de allí hasta llegar a la ciudad de Santo Domingo, que es en la isla Española, hay ciento y cincuenta leguas; así que desde España hasta allí hay mil y trescientas leguas; pero como se navegan bien, se andan mil y quinientas y más. Tárdase en el viaje comúnmente treinta y cinco o cuarenta días; esto lo más continuadamente, no tomando los extremos de los que tardan mucho más o llegan muy presto; porque allí no se ha de entender sino lo que las más veces acaece. La vuelta desde aquellas partes a éstas suele ser de algo más tiempo, así como hasta cincuenta días, poco más o menos. No obstante lo cual, en este presente año de 1525 han venido cuatro naos desde Santo Domingo a San Lúcar de España en veinte y cinco días; pero, como dicho es, no habemos de juzgar lo que raras veces se hace, sino lo que es más ordinario. Es la navegación muy segura y muy usada hasta la dicha isla; y desde ella a Tierra-Firme atraviesan las naos en cinco, y seis, y siete días, y más, según a la parte donde van guiadas; porque la dicha Tierra-Firme es muy grande, y hay diversas navegaciones y derrotas para ella. Pero la tierra que está más cerca de esta isla y está enfrente de Santo Domingo es aquesta. Todo esto es mejor remitirlo a las cartas de navegar y cosmografía nueva, la cual ignorada por Tolomeo y los antiguos, ninguna cosa de ella hablaron; pero porque aquesto no es menester para aquí, iré a las otras particularidades, donde me detendré más que en aquesto, que es más para la general historia que de estas Indias yo escribo, que no para este lugar.

(10)   Puerto Rico.

CAPÍTULO II

De la isla Española

La isla Española tiene de longitud, desde la punta de Higuey hasta el cabo del Tiburón, más de ciento y cincuenta leguas; y de latitud, desde la costa o playa de Navidad, que es norte, hasta cabo de Lobos, que es de la banda del sur, cincuenta leguas (11). Está la propia ciudad en diez y nueve grados a la parte del mediodía. Hay en esta isla muy hermosos ríos y fuentes, y algunos de ellos muy caudales, así como el de la Ozama, que es el que entra en la mar, en la ciudad de Santo Domingo; y otro, que se llama Reiva, que para cerca de la villa de San Juan de la Maguana, y otro que se dice Batibónico, y otro que se dice Bayna, y otro Nizao, y otros menores, que no curo de expresar. Hay en la isla un lago que comienza a dos leguas de la mar, cerca de la villa de la Yaguana, que tura (12) quince leguas o más hacia el Oriente, y en algunas partes es ancho una, y dos, y tres leguas, y en las otras partes todas es más angosto mucho, y es salado en la mayor parte de él, y en algunas es dulce, en especial donde entran en él algunos ríos y fuentes. Pero la verdad es que es ojo de mar, la cual está muy cerca de él, y hay muchos pescados de diversas maneras en el dicho lago, en especial de grandes tiburones, que de la mar entran en él por debajo de tierra, o por aquel lugar o partes que por debajo de ella la mar espira y procrea el dicho lago, y esto es la mayor opinión de los que el dicho lago han visto. Aquesta isla fué muy poblada de indios, y hubo en ella dos reyes grandes, que fueron Caonabo y Guarionex, y después sucedió en el señorío Anacoana. Pero porque tampoco quiero decir la manera de la conquista, ni la causa de haberse apocado los indios (13), por no me detener ni decir lo

(11)   Los castellanos, en Indias, siempre midieron los terrenos por leguas.

(12)   Del verbo *turar* o *durar*. *Tura* se emplea aquí en el sentido espacial, y no temporal; equivale a se extiende.

(13)   Escribe cautamente, ya que en 1525 se notaba el *apocamiento* de la población indígena. Las causas de este descenso fueron múltiples, y aunque achacables indirectamente a la presencia europea, no fueron las matanzas de que luego haría exposición Bartolomé de las Casas, sino al contagio de las enfermedades europeas, como la viruela y los catarros, al

que larga y verdaderamente tengo en otra parte escrito (14),
y porque no es esto de lo que he de tratar, sino de otras
particularidades de que vuestra majestad no debe tener tanta noticia, o se le pueden haber olvidado, resolviéndome en
lo que de aquesta isla aquí pensé decir, digo que los indios
que al presente hay son pocos, y los cristianos no son tantos
cuantos debería haber, por causa que muchos de los que en
aquella isla había se han pasado a las otras islas y Tierra-
Firme; porque, además de ser los hombres amigos de nove-
dades, los que a aquellas partes van, por la mayor parte son
mancebos, y no obligados por matrimonio a residir en parte
alguna; y porque como se han descubierto y descubren cada
día otras tierras nuevas, paréceles que en las otras henchi-
rían más aína (15) la bolsa; y aunque así haya acaecido a
algunos, los más se han engañado, en especial los que ya
tenían casas y asientos en esta isla; porque sin ninguna duda
yo creo, conformándome con el parecer de muchos, que si
un príncipe no tuviese más señorío de aquesta isla sola, en
breve tiempo sería tal, que ni le haría ventaja Sicilia ni Inglaterra, ni al presente hay de qué pueda tener envidia a
ninguna de las que es dicho; antes lo que en la isla Española
sobra podría hacer ricas a muchas provincias y reinos; porque, además de haber más ricas minas y de mejor oro que
hasta hoy en parte del mundo en tanta cantidad se ha hallado ni descubierto, allí hay tanto algodón producido de la
natura, que si se diese a lo labrar y curar de ello, más y
mejor que en parte del mundo se haría (16). Allí hay tanta
cañafístola (17) y tan excelente, que ya trae a España en
mucha cantidad, y desde ella se lleva y reparte por muchas

menor nacimiento de indígenas puros por el mestizaje y la emigración a
otras islas y al Yucatán, donde la viruela precedió a la llegada de los españoles.

(14)   Reiteración —que se repite muchísimas veces a lo largo de este
Sumario— de que ya estaba escribiendo su *Historia General*. En ocasiones afirma que ya la tiene escrita, lo que no puede ser cierto, pues tal obra,
una vez terminada por Fernández de Oviedo, abarca sucesos muy posterio-
res al año 1525, en que se redacta el *Sumario*.

(15)   A poco, más rápidamente.

(16)   Desafortunadamente, este planteamiento teórico no tuvo eco en
las esferas oficiales, como política colonial a seguir, aunque muchos colo-
nos sí la practicaron, creándose importantes haciendas.

(17)   Caña tubular, del latín *fistula*, tubo. Palabra usada desde el siglo
XIV en Castilla.

partes del mundo; y váse aumentando tanto, que es cosa de admiración. En aquella isla hay muchos y muy ricos ingenios de azúcar, la cual es muy perfecta y buena; y tanta, que las naos vienen cargadas de ella cada un año. Allí todas las cosas que se siembran y cultivan de las que hay en España, se hacen muy mejor y en más cantidad que en parte de nuestra Europa; y aquellas se dejan de hacer y multiplicar, de las cuales los hombres se descuidan o no curan, porque quieren el tiempo que las han de esperar para le ocupar en otras ganancias y cosas que más presto hinchan la medida de los codiciosos, que no han (18) gana de perseverar en aquellas partes. De esta causa no se dan a hacer pan ni a poner viñas, porque en aquel tiempo que estas cosas tardaran en dar fruto, las hallan en buenos precios y se las llevan las naos desde España; y labrando minas, o ejercitándose en la mercadería, o en pesquerías de perlas, o en otros ejercicios, como he dicho, más presto allegan hacienda de lo que la juntarían por la vía de sembrar el pan o poner las viñas; cuanto más que ya algunos, en especial quien piensa perseverar en la tierra, se dan a ponerlas. Asimismo hay muchas frutas naturales de la misma tierra, y de las que de España se han llevado, todas las que se han puesto se hacen muy bien. E porque particularmente se tratará adelante de estas cosas que por su origen la misma isla y otras partes de las Indias se tenían, y hallaron en ellas los cristianos, digo de las que llevaron de España hay en aquella isla, en todos los tiempos del año, mucha y buena hortaliza de todas maneras, muchos ganados y buenos, muchos naranjos dulces y agrios, y muy hermosos limones y cidros y de todos estos agrios, muy gran cantidad; hay muchos higos todo el año, y muchas palmas y dátiles, y otros árboles y plantas que de España se han llevado. En esta isla ningún animal de cuatro pies había, sino dos maneras de animales muy pequeñicos, que se llaman hutia y cori (19), que son casi a manera de conejos (20). Todos los demás que hay al presente se han llevado de España, de los cuales no me parece que hay que hablar, pues de acá se llevaron, ni que de deba notar más principalmente que la mucha cantidad en que se han aumentado así el ganado vacuno como los otros; pero en especial las vacas,

(18)   Tienen.
(19)   Conejillo de Indias.
(20)   La *hutia* le llamó también *jutia*. Es el *Soledonun panadorus*.

de las cuales hay tantas, que son muchos los señores de ganados que pasan de mil, y dos mil cabezas, y hartos que pasan de tres, y cuatro mil cabezas, y tal que llega a más de ocho mil. De quinientas y algunas más, o poco menos, son muchos los que las alcanzan (21); y la verdad es que la tierra es de los mejores pastos del mundo para semejante ganado, y de muy lindas aguas y templadores aires; y así, las reses son mayores y más hermosas mucho que todas las que hay en España; y como el tiempo en aquellas partes es suave y de ningún frío, nunca están flacas ni de mal sabor. Asimismo hay mucho ganado ovejuno, y puercos en gran cantidad, de los cuales y de las vacas muchos se han hecho salvajes; y asimismo muchos perros y gatos de los que se llevaron de España para servicio de los pobladores que allá han pasado, se fueron al monte, y hay muchos de ellos y muy malos, en especial perros, que se comen ya algunas reses por descuido de los pastores, que mal las guardan. Hay muchas yeguas y caballos (22), y todos los otros animales de que los hombres se sirven en España, que se han aumentado de los que desde ella se han llevado. Hay algunos pueblos, aunque pequeños, en la dicha isla, de los cuales no curaré de decir otra cosa sino que todos están en sitios y provincias que andando el tiempo crecerán y se ennoblecerán, en virtud de la fertilidad y abundancia de la tierra; pero del principal de ellos, que es la ciudad de Santo Domingo, más particularmente hablando, digo que cuanto a los edificios, ningún pueblo de España, tanto por tanto, aunque sea Barcelona, la cual yo he muy bien visto muchas veces, le hace ventaja generalmente; porque todas las casas de Santo Domingo son de piedra como las de Barcelona, por la mayor parte, o de tan hermosas tapias y tan fuertes, que es muy singular argamasa, y el asiento muy mejor que el de Barcelona, porque las calles son tanto y más llanas y muy más anchas, y sin comparación más derechas; porque como se ha fundado en nuestros tiempos, demás de la oportunidad y aparejo de la disposición para su fundamento, fue trazada con regla y compás, y a una medida las calles todas, en lo cual tiene mucha ventaja a todas las poblaciones que he visto (23).

(21)   Valiosísimo dato para la historia económica de la colonización.

(22)   Pizarro se aprovisiona de ellos en La Española, a su regreso de España para emprender la conquista del Perú.

(23)   Aunque las *Ordenanzas* de población son de tiempo de Feli-

Tienen tan cerca la mar, que por una parte no hay entre ella y la ciudad más espacio de la ronda, y aquesta es de hasta cincuenta pasos de ancho donde más espacio se aparta, y por aquella parte baten las ondas en viva peña y costa brava; y por otra parte, al costado y pie de las casas pasa el río Ozama, que es maravilloso puerto, y surgen las naos cargadas junto a tierra debajo de las ventanas, y no más lejos de la boca por donde el río entra en la mar, de lo que hay desde el pie del cerro de Monjuich al monasterio de San Francisco o a la lonja de Barcelona; y en medio de este espacio está en la dicha ciudad la fortaleza y castillo (24), debajo del cual, y a veinte pasos de él, pasan las naos a surgir algo más adelante en el mismo río; y desde que las naos entran en él hasta que echan el áncora no se desvían de las casas de la ciudad treinta o cuarenta pasos, sino al luengo de ella, porque de aquella parte la población está junto al agua del río. Digo que de tal manera tan hermoso puerto ni de tal descargazón no se halla en mucha parte del mundo. Los vecinos que en esta ciudad puede haber, serán en número de setecientos, y de casas tales como he dicho, y algunas de particulares tan buenas, que cualquiera de los grandes de Castilla se podrían muy bien aposentar en ellas, y señaladamente la que el almirante don Diego Colón, visorey de vuestra majestad, allí tiene, es tal, que ninguna sé yo en España de un cuarto que tal le tenga, atentas las calidades de ella, así el asiento, que es sobre el dicho puerto, como en ser toda de piedra, y muy buenas piezas y muchas, y de la más hermosa vista de mar y tierra que ser puede; y para los otros cuartos que están por labrar de esta casa, tiene la disposición conforme a lo que está acabado, que es tanto, que, como he dicho, vuestra majestad podría estar tan bien aposentado como en una de las más cumplidas casas de Castilla. Hay asimismo una iglesia catedral, que ahora se labra, donde así el obispo como las dignidades y canónigos de ella están muy bien dotados; y según el aparejo que hay de materiales y la continuación de la labor, espérase que muy presto será acabada y asaz suntuosa, y de buena propor-

pe II, desde el comienzo, sobre el modelo de la ciudad tinerfeña de La Laguna, se trazaron, como dice Fernández de Oviedo, *con regla y compás.*

(24)   Fernández de Oviedo, cuando hace esta descripción, no soñaba que acabaría sus días como alcaide de dicho *castillo,* y regidor perpetuo de aquella ciudad.

ción y gentil edificio por lo que yo vi ya hecho de ella. Hay asimismo tres monasterios, que son Santo Domingo y San Francisco y Santa María de la Merced; asimismo de muy gentiles edificios, pero moderados, y no tan curiosos como los de España. Pero hablando sin perjuicio de ninguna casa de religiosos, puede vuestra majestad tener por cierto que en estas tres casas se sirve Dios mucho, porque verdaderamente hay en ellas santos religiosos y de grande ejemplo. Hay asimismo un gentil hospital, donde los pobres son recogidos y bien tratados, que el tesorero de vuestra majestad, Miguel de Pasamonte, fundó. Váse cada día aumentando y ennobleciendo esta ciudad, y siempre será mejor, así porque en ella reside el dicho almirante visorey (25), y la audiencia y cancillería real que vuestra majestad en aquellas partes tiene, como porque de los que en aquella isla viven, los más de los que más tienen, son vecinos de la dicha ciudad de Santo Domingo.

CapÍtulo III

De la gente natural de esta isla, y de otras particularidades de ella

La gente de esta isla es de estatura algo menor que la de España comúnmente, y de color loros (26) claros. Tienen mujeres propias, y ninguno de ellos toma por mujer a su hija propia ni hermana, ni se echa (27) con su madre; y en todos los grados usan con ellas siendo o no siendo mujeres (28). Tienen las frentes anchas y los cabellos negros y muy llanos (29), y ninguna barba ni pelos en ninguna parte de la persona, así los hombres como las mujeres; y cuando alguno o alguna tiene algo de esto, es entre mil uno y rarísi-

(25)   Es extraña esta alusión, en presente, de que Diego Colón *reside* (1525) en el Alcázar de Santo Domingo, puesto que ya había sido suspendido de sus funciones.
(26)   *Loro* procede de *lauro* o laureal, son significación de verdoso, no moreno, como dice algún anotador, ignorando dicha etimología; además, Fernández de Oviedo dice *claros*.
(27)   Acostarse.
(28)   ¿Por qué explica esto? Para que se vea que no son salvajes.
(29)   Lisos.

mo: andan desnudos como nacieron, salvo que en las partes que menos se deben mostrar traen delante una pampanilla (30), que es un pedazo de lienzo o otra tela, tamaño como una mano; pero no con tanto aviso puesto, que se deje de ver cuanto tienen. Mas paréceme conveniente cosa, antes que adelante se proceda, decir la manera del pan y mantenimiento que estos indios de esta isla tienen, porque menos nos quede que decir en lo de Tierra-Firme; porque cuanto a esta parte los unos y los otros tienen un mantenimiento (31).

CAPÍTULO IV

Del pan de los indios, que hacen del maíz

En la dicha isla Española tienen los indios y los cristianos, que después usan comer el pan de estos indios, dos maneras de ello. La una es maíz, que es grano, y la otra cazabe, que es raíz. El maíz se siembra y coge de esta manera: esto es un grano que nace en unas mazorcas (32) de un geme (33), y más y menos longueza, llenas de granos casi tan gruesos como garbanzos; y para los sembrar, lo que se hace primero es talar los cañaverales y monte donde lo quieren sembrar, porque la tierra donde nace yerba, y no árboles y cañas, no es tan fértil, y después que se ha hecho aquella tala o roza, quémase; y después de quemada la tierra que así se taló, queda de aquella ceniza un temple a la tierra, mejor que si se estercolara (34); y toma el indio un palo en la mano (35), tan alto como él, y da un golpe de

(30)   De pámpano. Las estatuas clásicas de varones llevan una hoja de parra o pámpano.

(31)   Fernández de Oviedo, con estas informaciones, tan exactas, es el primer antropólogo de América (si exceptuamos a Fray Ramón Pané), ya que es él quien inicia la atención por la sociedad indígena.

(32)   Esta palabra es novísima en el castellano de tiempos de Fernández de Oviedo, ya que aparece en 1495 y significa *porción de lino o lana que se va sacando del copo y revolviendo en el huso, para asparla después* (Corominas, pág. 378).

(33)   Medida arcaica, hoy en desuso. Es medio pie.

(34)   Este procedimiento, que se llamó en México *milpa,* los antillanos lo usaron por influencia mesoamericana.

(35)   *Palo sembrador* o *cavador,* propio de la América prehispánica.

punta en tierra y sácale luego, y en aquel agujero que hizo echa con la otra mano siete o ocho granos poco más o menos del dicho maíz, y da luego otro paso adelante y hace lo mismo, y de esta manera a compás prosigue hasta que llega al cabo de la tierra que siembra, y va poniendo la dicha simiente; y a los costados del tal indio van otros en ala haciendo lo mismo, y de esta manera tornan a dar al contrario la vuelta sembrando, y así continuándolo hasta que acaban. Este maíz desde a pocos días nace, porque en cuatro meses se coge, y alguno hay más temprano, que viene desde a tres; pero así como va naciendo tienen cuidado de lo desherbar, hasta que está tan alto, que va ya el maíz señoreando la yerba; y como está ya bien crecido y comienza a granar, es menester ponerle guarda, en lo cual los indios ocupan los muchachos, que a este respecto hacen estar encima de los árboles y cadalsos que ellos hacen de cañas y de maderas, cubiertos por el agua y el sol de suso, y desde allí dan grita y voces, ojeando los papagayos, que vienen muchos a comer los dichos maizales. Este pan tiene la caña o asta en que nace, tan gruesa como el dedo menor de la mano, y algo menos, y alguno algo más, y crece más alto comúnmente que la estatura del hombre, y la hoja es como la de la caña común de acá, salvo que es más luenga y más domable, y no tan áspera, pero no menos angosta, Echa cada caña una mazorca, en que hay doscientos, y trescientos, y quinientos, y muchos más y menos granos, según la grandeza de la mazorca, y algunas cañas echan dos y tres mazorcas, y cada mazorca está envuelta en tres o cuatro, o al menos en dos hojas o cáscaras juntas, y justas a ella, ásperas algo, y casi de la tez o género de las hojas de la caña en que nace, y está el grano envuelto de manera, que está muy guardado del sol y del aire, y allí dentro se sazona, y como está seco se coge. Pero los papagayos y los monos gatos mucho daño hacen en ello, si no se guarda de los monos: en la isla seguros están, porque (como primero se dijo) ninguna cosa de cuatro pies, más de coris y hutias, no había en ella, y estos dos animales no lo comen; pero los puercos ahora hacen daño, y en la Tierra-Firme más, porque siempre los hubo salvajes, y muchos ciervos y gatos monos (36) que comen los maizales. E por tanto, así por las aves como por los animales,

(36)   Véase el capítulo XXV, donde describe a estos monillos.

conviene haber vigilante y continua guarda en tanto que en el campo está el maíz; y esto se aprendió todo de los indios, y de la misma manera lo hacen los cristianos que en aquella tierra viven. Suele dar una hanega de sembradura veinte, y treinta, y cincuenta, y ochenta, y en algunas partes más de cien hanegas. Cogido este pan y puesto en casa, se come de esta manera: en las islas comíanlo en grano tostado, o estando tierno casi en leche; y después que los cristianos allí poblaron, dase a los caballos y bestias de que se sirven, y esles muy grande mantenimiento; pero en Tierra-Firme tienen otro uso de este pan los indios, y es de esta manera: las indias especialmente lo muelen en una piedra algo concavada, con otra redonda que en las manos traen, a fuerza de brazos, como suelen los pintores moler los colores, y echando de poco en poco poca agua, la cual así moliendo se mezcla con el maíz, y sale de allí una manera de pasta como masa, y toman un poco de aquello y envuélvenlo en una hoja de yerba, que ya ellos tienen para esto, o en una hoja de la caña del propio maíz o otra semejante, y échanlo en las brasas, y ásase, y endurécese, y tórnase como pan blanco y hace su corteza por desuso, y de dentro de este bollo está la miga algo más tierna que la coteza; y hase de comer caliente, porque estando frío ni tiene tan buen sabor ni es tan bueno de mascar, porque está más seco y áspero. También estos bolos se cuecen, pero no tienen tan buen gusto; y este pan, después de cocido o asado, no se sostiene sino muy pocos días, y luego, desde a cuatro o cinco días, se mohece y no está de comer.

CAPÍTULO V

Otra manera de pan que hacen los indios, de una planta que llaman yuca

Hay otra manera de pan que se llama cazabe, que se hace de unas raíces de una planta que los indios llaman yuca; esto no es grano, sino planta, la cual es unas plantas que hacen unas varas más altas que un hombre, y tiene la hoja de la misma manera que el cáñamo, como una palma de una mano de un hombre, abiertos y tendidos los dedos; salvo que aquesta hoja es mayor y más gruesa que la del cáñamo, y toman para la sembrar esta rama de esta planta, y hácenla trozos tan grandes como dos palmos, y algunos hombres hacen montones (37) de tierra a trechos y por linderos en orden, como en este reino de Toledo ponen las cepas de las viñas a compás, y en cada montón ponen cinco o seis o más de aquellos palos de esta planta; otros no curan de hacer montones, sino llana la tierra, hincan a trechos estos plantones, pero primero han rozado o talado y quemado el monte para sembrar la dicha yuca, según se dijo en el capítulo del maíz, escrito antes de éste, y desde a pocos días nace, porque luego prende; y así como va creciendo la yuca, así van limpiando el terreno de la yerba, hasta que esta planta señorea la dicha yerba; y esta no tiene peligro de las aves, pero tiénele mucho de los puercos, si no es de la que mata, que ellos no osan comer, porque reventarían comiéndola (38); pero hay otra que no mata, que es menester guardarla a causa del hozar, porque el fruto de esto nace en las raíces de las dichas plantas, entre las cuales se hacen unas mazorcas como zanahorias gruesas y muy mayores comúnmente, y tienen una corteza áspera y casi la color como leonada, entre parda, y de dentro está muy blanca, y para hacer pan de ella, que llaman cazabe, rállanla, y después aquello rallado, extrújanlo en un cibucan (39), que es una manera de talega, de diez palmos o más de luengo, y gruesa como la pierna, que los indios hacen de palmas, como estera tejida, y con aquel dicho cibucan torciéndole mucho, como se suele hacer cuando de las almendras majadas se quiere sacar la leche, y aquel zumo que salió de esta yuca, y es mortífero y potentísimo veneno (40), porque con un trago súbito mata; pero aquello que quedó después de sacado el dicho zumo o agua de la yuca, y que queda como un salvado liento (41), tómanlo, y ponen al fuego una cazuela de barro llana, del tamaño que quieren hacer el pan, y está muy caliente, y no hacen sino desparcir de aquella cibera (42) exprimida muy bien, sin que quede ningún zumo en ella, y luego se cuaja y se hace una torta del gordor que quieren,

---

(37)   En las Antillas los españoles los llamaron *conucos.*
(38)   Por el ácido prúsico que contiene.
(39)   Primera vez que se emplea esta palabra, de origen taíno.
(40)   El citado ácido.
(41)   Húmedo.
(42)   Del latín, *cibus,* alimento o jugo.

y del tamaño de la dicha cazuela en que la cuecen, y como está cuajada, sácanla y cúranla, poniéndola algunas veces al sol, y después la comen, y es buen pan; pero es de saber que aquella agua que primero se dijo que había salido de la dicha yuca, dándole ciertos hervores y poniéndola al sereno ciertos días, se torna dulce, y se sirven y aprovechan de ella como de miel o otro licor dulce, para lo mezclar con otros manjares; y después también tornándola a hervir y serenar, se torna agrio aquel zumo, y sirve de vinagre en lo que le quieren usar y comer, sin peligro alguno. Este pan de cazabe se sostiene un año y más, y lo llevan de unas partes a otras muy lejos, sin se corromper ni dañar, y aun también por el mar es buen mantenimiento, y se navega con él por todas aquellas partes y islas y Tierra-Firme, sin que se dañe si no se moja. Esta yuca de este género, que el zumo de ella mata, como es dicho, la hay en gran cantidad en las islas de San Juan (43) y Cuba y Jamaica y la Española; pero también hay otra que se llama boniata (44), que no mata el zumo de ella, antes se come la yuca asada, como zanahoria, y en vino y sin él, y es buen manjar; y en Tierra-Firme toda la yuca es de esta boniata, y yo la he comido muchas veces, como he dicho, porque en aquella tierra no curan de hacer cazabe de ella todos, sino algunos, y comúnmente la comen de la manera que he dicho, asada en el rescoldo de la brasa, y es muy buena. Pero la del zumo que mata es en las islas donde ha acaecido estar algún cacique o principal indio, y otros muchos con él, y por su voluntad matarse muchos juntos; y después que el principal, por eshortación del demonio, decía a todos los que se querían matar con él, las causas que le parecía para los atraer a su diabólico fin, tomaban sendos tragos del agua o zumo de yuca, y súbitamente morían todos, sin remedio alguno. Esta yuca no llega a su perfección ni está de coger hasta que pasan diez meses o un año que está sembrada, y cuando está de esta edad la comienzan de gastar o aprovecharse de ella.

(43)   Puerto Rico.
(44)   O *boniato*. La forma *boniata* (según Corominas) se usa desde 1516, como adjetivo sinónimo de bueno: *yuca boniata,* que es como la usa en este caso Fernández de Oviedo.

CAPÍTULO VI

De los mantenimientos de los indios, allende del pan que es dicho

Pues se ha dicho del pan de los indios, dígase de los otros mantenimientos que en la dicha isla (45) usaban, con que se sostenían, demás de las frutas y pescados; que esto está remitido adelante, por ser común en todas las Indias; pero allende de aquello, comían los indios aquellos cories y hutias de que atrás se hizo mención, y las hutias son casi como ratones, o tienen con ellos algún deudo o proximidad; y los cories son como conejos o gazapos chicos, y no hacen mal, y son muy lindos, y haylos blancos del todo, y algunos blancos y bermejos y de otras colores. Comían asimismo una manera de sierpes que en la vista son muy fieras y espantables, pero no hacen mal, ni está averiguado si son animal o pescado, porque ellas andan en el agua y en los árboles y por tierra, y tienen cuatro pies, y son mayores que conejos, y tienen la cola como lagarto, y la piel toda pintada, y de aquella manera de pellejo, aunque diverso y apartado en la pintura, y por el cerro o espinazo unas espinas levantadas, y agudos dientes y colmillos, y un papo muy largo y ancho, que le cuelga desde la barba al pecho, de la misma tez o suerte del otro cuero y callada, que ni gime ni grita ni suena (46), y estáse atada a un pie de un arca, o donde quiera que la aten, sin hacer mal alguno ni ruido, diez, y quince, y veinte días sin comer ni beber cosa alguna; pero también les dan de comer algún poco cazabe o de otra cosa semejante, y lo comen, y es de cuatro pies, y tienen las manos largas, y cumplidos los dedos, y uñas largas como de ave, pero flacas, y no de presa, y es muy mejor de comer que de ver; porque pocos hombres habrá que la osen comer, si la ven viva (excepto aquellos que ya en aquella tierra son usados a pasar por ese temor y otros mayores en efecto; que aqueste no lo es sino en la apariencia). La carne de ella es tan buena o mejor que la del conejo, y es sana, pero no para los que han tenido el mal de la búas (47),

---

(45)   Fernández de Oviedo se limita a las plantas y cosas de La Española en estos capítulos, pero en ocasiones se extiende en comentarios a las grandes Antillas o a Tierra-Firme. Véase capítulo VIII.

(46)   Es la iguana.

(47)   *Bubas,* o tumor venéreo en la ingle.

porque aquellos que han sido tocados de esta enfermedad (aunque haya mucho tiempo que están sanos) les hace daño, y se quejan de este pasto los que lo han probado, según a muchos (que en sus personas lo podían con verdad experimentar) lo he yo muchas veces oído.

Capítulo VII

De las aves de la isla Española

De las aves que en esta isla hay no he hablado, pero digo que he andado más de ochenta leguas por la tierra, que hay desde la villa de la Yaguana a la ciudad de Santo Domingo, y he hecho este camino más de una vez, y en ninguna parte vi menos aves que en aquella isla; pero porque todas las que en ella vi, las hay en Tierra-Firme, yo diré en su lugar adelante más largamente lo que en este artículo o parte se debe especificar; solamente digo que gallinas de las de España hay muchas, y muy buenos capones. E tampoco en lo que toca a las frutas naturales de la tierra y a otras plantas y yerbas, y a los pescados de mar y de agua dulce, no curaré de ponerlo aquí en esta relación de la Española, porque todo lo hay en la Tierra-Firme más copiosamente, y otras muchas cosas que adelante en su lugar se dirán.

Capítulo VIII

De la isla de Cuba y otras

De la isla de Cuba y de otras, que son San Juan y Jamaica, todas estas cosas que se han dicho de la gente y otras particularidades de la isla Española, se pueden decir, aunque no tan copiosamente, porque son menores; pero en todas ellas hay lo mismo, así en mineros (48) de oro y cobre, y ganados y árboles y plantas, y pescados y todo lo que es dicho; pero tampoco en ninguna de estas otras islas había animal de cuatro pies, como en la Española, hasta que los

(48)   Minas.

cristianos los llevaron a ellas, y al presente en cada una hay mucha cantidad, y asimismo mucho azúcar y cañafístola, y todo lo demás que es dicho; pero hay en la dicha isla de Cuba una manera de perdices que son pequeñas, y son casi de especie de tórtolas en la pluma, pero muy mejores en el sabor, y tómanse en grandísimo número; y traídas vivas a casa y bravas (49), en tres o cuatro días andan tan domésticas como si en casa nacieran, y engordan en mucha manera; y sin duda es un manjar muy delicado en el sabor, y que yo le tengo por mejor que las perdices de España, porque no son de tan recia digestión. Pero dejado aparte todo lo que es dicho, dos cosas admirables hay en la dicha isla de Cuba, que a mi parecer jamás se oyeron ni escribieron. La una es, que hay un valle que tura dos o tres leguas entre dos sierras o montes, el cual está lleno de pelotas de lombardas guijeñas, y de género de piedra muy fuerte; y redondísimas, en tanta manera, que con ningún artificio se podrían hacer más iguales o redondas cada una, en el ser que tiene; y hay de ellas desde tan pequeñas como pelotas de escopeta, y de ahí adelante de más en más grosor creciendo; las hay tan gruesas como las quisieran para cualquier artillería, aunque sea para tiros que las demanden de un quintal, y de dos y más cantidad, y groseza cual la quisieren. E hallan estas piedras en todo aquel valle, como minero de ellas, y cavando las sacan según que las quieren o han menester. La otra cosa es que en la dicha isla, y no muy desviado de la mar, sale de una montaña un licor o betún a manera de pez o brea (50), y muy suficiente y tal cual conviene para brear los navíos; de la cual materia, entrada en la mar continuamente mucha copia de ella, se andan sobre el agua grandes balsas o manchas, o cantidades encima de las ondas, de unas partes o otras, según las mueven los vientos, o como se menean y corren las aguas de la mar de aquella costa donde este betún o materia que es dicha anda.

Quinto Curcio, en su libro quinto, dice que Alejandro allegó a la ciudad de Memi, donde hay una gran caverna o cueva, en la cual está una fuente que mirabilmente desparce gran copia de betún; de manera que fácil cosa es creer que los muros de Babilonia pudiesen ser murados de betún, porque otro tal hay en la Nueva-España, que ha muy poco

(49)   Silvestres, no criadas.
(50)   Es el petróleo.

que se halló en la provincia que llaman Pánuco; el cual betún es muy mejor que el de Cuba, como se ha visto por experiencia, breando algunos navíos. Pero dejado aquesto aparte, y siguiendo el fin que me movió a escribir este repertorio, por reducir a la memoria algunas cosas notables de aquellas partes, y representarlas a vuestra majestad aunque no se me acordase de ellas por la orden, y tan copiosamente como las tengo escritas; antes que' pase a hablar en Tierra-Firme, quiero decir aquí una manera de pescar que los indios de Cuba y Jamaica usan en la mar, y otra manera de caza y pesquería que también en estas dos islas los dichos indios de ellas hacen cuando cazan y pescan las ánsares (51) bravas, y es de esta manera: hay unos pescados tan grandes como un palmo, o algo más, que se llama Pexe reverso (52), feo al parecer, pero de grandísimo ánimo y entendimiento; el cual acaece que algunas veces, entre otros pescados, los toman en redes (de los cuales yo he comido muchos). E los indios, cuando quieren guardar y criar algunos de éstos, tiénenlo en agua de la mar, y allí dánle a comer, y cuando quieren pescar con él, llévanle a la mar en su canoa o barca, y tiénenlo allí en agua, y átanle una cuerda delgada, pero recia, y cuando ven algún pescado grande, así como tortuga o sabalo, que os hay grandes en aquellas mares, o otro cualquier que sea, que acaece andar sobre aguados o de manera que se pueden ver, el indio toma en la mano este pescado reverso y halágalo con la otra, diciéndole en su lengua que sea animoso y de buen corazón y diligente, y otras palabras exhortatorias a esfuerzo, y que mire que sea osado y aferre con el pescado mayor y mejor que allí viere; y cuando le parece, le suelta y lanza hacia donde los pescados andan, y el dicho reverso va como una saeta, y aferra por un costado con una tortuga, o en el vientre o donde puede, y pégase con ella o con otro pescado grande, o con el que quiere. El cual, como siente estar asido de aquel pequeño pescado, huye por la mar a una parte y a otra, y en tanto el indio no hace sino dar y alargar la cuerda de todo punto, la cual es de muchas brazas, y en el fin de ella va atado un corcho o un palo, o cosa ligera, por señal y que esté sobre el agua, y en poco proceso de tiempo, el pescado o tortuga grande con quien el dicho

(51) Por silvestre.
(52) Rémora.

reverso se aferró, cansado, viene hacia la costa de tierra, y el indio comienza a tirar con tiento poco a poco, y tirar guiando el reverso y el pescado con quien está asido, hasta que se lleguen a la tierra, y como está a medio estado (53) o uno; las ondas mismas de la mar lo echan para fuera, y el indio asimismo le aferra y saca hasta lo poner en seco; y cuando ya está fuera del agua el pescado preso, con mucho tiento, poco a poco, y dando por muchas palabras las gracias al reverso de lo que ha hecho y trabajado, lo depega del otro pescado grande que así tomó, y viene tan apretado y fijo con él, que si con fuerza lo despegase, lo rompería o despedazaría el dicho reverso; y es una tortuga de estas tan grande de las que así se toman, que dos indios y aun seis tienen harto que hacer en la llevar a cuestas hasta el pueblo, o otro pescado que tamaño o mayor sea, de los cuales el dicho reverso es verdugo o hurón para los tomar por la forma que es dicha. Este pescado reverso tiene unas escamas hechas a manera de gradas, o como es el paladar o mandíbula alta por de dentro de la boca del hombre o de un caballo, y por allí unas espinicas delgadísimas y ásperas y recias, con que se aferra con los pescados que él quiere, y estas escamas de espinicas tiene en la mayor parte del cuerpo por de fuera. Pasando a lo segundo, que de suso se tocó en el tomar de las ánsares bravas, sabrá vuestra majestad que al tiempo del paso de estas aves, pasan por aquellas islas muy grandes bandas de ellas, y son muy hermosas, porque son todas negras y los pechos y vientre blanco, y alrededor de los ojos unas berrugas redondas muy coloradas, que parecen muy verdaderos y finos corales, las cuales se juntan en el lagrimal y asimismo en el cabo del ojo, hacia el cuello, y de allí descienden por medio del pescuezo, por una línea o en derecho, unas de otras estas berrugas, hasta en número de seis o siete de ellas, o pocas más (54). Estas ánsares en mucha cantidad se asientan a par de unas grandes lagunas que en aquellas islas hay, y los indios que por allí cerca viven echan allí unas grandes calabazas vacías y redondas,

---

(53)   Medida equivalente a siete pies, que toma como módulo la estatura del hombre.

(54)   Los naturalistas modernos se asombran de la exactitud de las *fichas* (podemos llamarlas así) descriptivas, exactas, claras y minuciosas, como ésta, de Fernández de Oviedo.

que se andan por encima del agua, y el viento las lleva de unas partes a otras, y las trae hasta las orillas, y las ánsares al principio se escandalizan y levantan, y se apartan de allí, mirando las calabazas; pero como ven que no les hacen mal, poco a poco piérdenles el miedo, y de día en día, domesticándose con las calabazas, descuídanse tanto, que se atreven a subir muchas de las dichas ánsares encima de ellas, y así se andan a una parte y a otra, según el aire las mueve; de forma que cuando ya el indio conoce que las dichas ánsares están muy aseguradas y domésticas de la vista y movimiento y uso de las calabazas, pónese una de ellas en la cabeza hasta los hombros, y todo lo demás ya debajo del agua y por un agujero pequeño mira adonde están las ánsares, y pónese junto a ellas, y luego alguna salta encima, y como él lo siente, apártase muy paso, si quiere, nadando sin ser entendido ni sentido de la que lleva sobre sí ni de otra; porque ha de creer vuestra majestad que en este caso del nadar tienen la mayor habilidad los indios, que se pueden pensar; y cuando está algo desviado de las otras ánsares, y le parece que es tiempo, saca la mano y ásela por las piernas y métela debajo del agua, y ahógala y pónesela en la cinta, y torna de la misma manera a tomar otra y otras; y de esta forma y arte toman los dichos indios mucha cantidad de ellas. También sin se desviar de allí, así como se le asienta encima, la toma como es dicho, y la mete debajo del agua, y se la pone en la cinta, y las otras no se van ni espantan, porque piensan que aquellas tales, ellas mismas se hayan zambullido por tomar algún pescado. E aquesto basta, cuanto a lo que toca a las islas, pues que en el trato y riquezas de ellas, no aquí, sino en la historia que escribo general de ellas, ninguna cosa está por escribir de lo que hasta hoy se sabe. E pasemos a lo que de Tierra-Firme puede colegir o acordarse mi memoria; pero primero me ocurre una plaga que hay en la Española y en otras islas que están pobladas de cristianos; la cual ya no es tan ordinaria como fué en los principios que aquellas islas se conquistaron; y es que a los hombres se les hace en los pies entre cuero y carne, por industria de una pulga, o cosa mucho menor que la más pequeña pulga, que allí se entra, una bolsilla tan grande como un garbanzo, y se hinche de liendres, que es labor que aquella cosa hace, y cuando no se saca con tiempo, labra de manera y auméntase aquella generación de niguas (porque así se llama, nigua

(55), este animalito), de forma que se pierden los hombres, de tullidos, y quedan mancos de los pies para siempre; que no es provecho de ellos.

CAPÍTULO IX

De las cosas de la Tierra-Firme

Los indios de Tirra-Firme, cuanto a la disposición de las personas, son mayores algo y más hombres y mejor hechos que los de las islas. En algunas partes son belicosos, y en otras no tanto. Pelean con diversas armas y maneras, según en aquellas provincias o partes donde las usan. Cuanto a lo que toca a sus casamientos, es de la manera que se dijo que se casan en las islas, porque en Tiera-Firme tampoco se casan con sus hijas ni hermanas ni con su madre; y no quiero aquí decir ni hablar en la Nueva España, puesto que es parte de esta Tierra-Firme, porque aquello Hernando Cortés lo ha escrito según a él le ha parecido, y hecho relación por sus *Cartas* y más copiosamente. Yo lo tengo asimismo acumulado en mis *Memoriales* (56) por información de muchos testigos de vista, como hombre que he deseado inquirir y saber lo cierto, desde que el capitán que primero envió el adelantado Diego Velázquez desde Cuba, llamado Francisco Hernández de Córdoba, descubrió, o mejor diciendo, tocó primero en aquella tierra (porque descubridor, hablando verdad, ninguno se puede decir, sino el almirante primero de las Indias don Cristóbal Colón, padre del almirante don Diego Colón, que hoy es, por cuyo aviso y causa los otros han ido o navegado por aquellas partes). E tras el dicho capitán Francisco Hernández envió el dicho adelantado al capitán Juan de Grijalva, que vió más de aquella tierra y costa; del cual fueron aquellas muestras que a vuestra majestad envió a Barcelona el año de 1519 años el dicho ade-

(55)   Es la *Tundra penetrans,* insecto del orden de los afnípteros, como una pulga, cuyos huevos causaban las úlceras. En la Nueva Granada los indígenas usaban de agujas de oro para extraer el insecto de debajo de la piel, especialmente de los pies.

(56)   La mención de estos *Memoriales* indica que Fernández de Oviedo iba tomando notas de lo que veía, y de las referencias de sus informantes.

lantado Diego Velázquez; y el tercero que por mandado del dicho adelantado a aquella tierra pasó fue el dicho capitán Hernando Cortés. Esto todo y lo demás se hallará copiosamente en mi *Tratado,* o *General historia Indias* (57), cuando vuestra majestad fuere servido que salga a la luz. Así que, dejada la Nueva España aparte, diré aquí algo de lo que en esotras (58) provincias, o a lo menos en aquellas de la gobernación de Castilla del Oro, se ha visto, y por aquellas costas de la mar del Norte y algo de la mar del Sur. Pero porque no es cosa para dejarse de notar una singular y admirable cosa que yo he colegido de la mar Océana, y de que hasta hoy ningún cosmógrafo ni piloto ni marinero ni algún natural me ha satisfecho; digo así, que como a vuestra majestad es notorio y a todos los que han noticia de las cosas de la mar, y han bien considerado alguna parte de sus operaciones, aqueste grande mar Océano echa de sí por la boca del estrecho de Gibraltar el Mediterráneo mar, en el cual las aguas, desde la boca del dicho estrecho hasta el fin del dicho mar del Levante, en ninguna costa ni parte de este mar Mediterráneo la mar mengua ni crece, para se guardar mareas o grandes menguantes o crecientes, sino en muy poquito espacio; y desde el dicho estrecho para fuera el dicho mar Océano crece y mengua en mucha manera y espacio de tierra, de seis en seis horas, la costa toda de España y Bretaña y Flandes y Alemania y costas de Inglaterra; y el mismo mar Océano en la Tierra-Firme a la costa que mira al norte, en más de tres mil leguas ni crece ni mengua, ni en las islas Española y Cuba y todas las otras que en el dicho mar y parte que mira al norte están opuestas, sino de la manera que lo hace en Italia el dicho Mediterráneo, que es casi ninguna cosa a respecto de lo que el dicho mismo mar hace en las dichas costas de España y Flandes. E no obstante esto, el mismo mar Océano en la costa del mediodía o austral de la dicha Tierra-Firme, en Panamá y en la costa de ella opuesta a la parte de levante y de poniente de esta ciudad, y de la isla de las Perlas (que los indios llaman Terarequi), y en la de Taboga y en la de Otoque, y todas las otras de la dicha mar del Sur, crece y mengua tanto, que cuando se

(57)   Aún parece que no tiene seguro el título, lo de *Tratado* no lo vuelve a mencionar.
(58)   Esas otras.

71

retrae casi se pierde de vista; lo cual yo he visto muchos millares de veces (59).

Note vuestra majestad otra cosa, que desde la mar del Norte hasta la mar del Sur, que tan diferente es la una de la otra, como es dicho en estas mareas, crecer y menguar, no hay de costa a costa por tierra más de diez y ocho o veinte leguas de través. Así que, pues todo es un mismo mar, cosa es por contemplar y especular los que a esto tuvieran inclinación y desearen saber este secreto; que yo, pues personas de abundantes letras no me han satisfecho ni sabido dar a entender la causa, bástame saber y creer que el que lo hace sabe eso y otras cosas muchas que no se conceden al entendimiento de los mortales, en especial·a tan bajo ingenio como el mío. Los que le tienen mejor piensen por mí y por ellos lo que puede ser el verdadero entendimiento; que yo, en términos verdaderos y como testigo de vista, he puesto aquí la cuestión (60); y entretanto que se absuelve (61), tornando al propósito, digo que el río que los cristianos llaman San Juan, en Tierra-Firme, entra en el golfo de Urabá, donde llaman la Culata, por siete bocas; y cuando la mar se retrae aquello poco que he dicho que en esta costa del norte mengua por causa del dicho río, todo el dicho golfo de Urabá, que es doce leguas y·más de luengo, y seis, y siete, y ocho de ancho, se torna dulce toda aquella mar, y está todo lo que es dicho, de agua para se poder beber. (Yo lo he probado estando surgido en una nave en siete brazas de agua, y más de una legua apartado de la costa.) Así que se puede bien creer que la grandeza del dicho río es muy grande. Pero éste ni otro de los que yo he visto ni oído ni leído hasta ahora, no se iguala con el río Marañón (62), que es a la parte del levante, en la misma costa; el cual tiene en la boca, cuando entra en la mar, cuarenta leguas, y más de otras tantas dentro en ella se coge agua dulce del dicho río. Esto oí yo muchas veces al piloto Vicente Yáñez Pinzón, que fué el primero de los cristianos que vido este río Marañón, y entró por él con una carabela más de veinte leguas, y halló en él muchas islas y gentes, y por llevar poca gente

---

(59)   Muy juiciosa comparación entre el mar Mediterráneo y el de las Antillas, llamado justamente por algunos el Mediterráneo americano.

(60)   He planteado el problema, dicho en otras palabras.

(61)   Resuelve, contesta a la cuestión o pregunta.

(62)   Es el Amazonas.

no osó saltar en tierra, y se tornó a salir del dicho río, y bien cuarenta leguas dentro en mar cogió agua dulce del dicho río; otros navíos le han visto, pero el que más supo de él es el que he dicho. Toda aquella costa es tierra de mucha brasil (63), y la gente flecheros. Tornando al golfo de Urabá, desde él al poniente y a la parte del levante, es la costa alta, pero de diferentes lenguas y armas. Al poniente por esta costa los indios pelean con varas y macanas (64); las varas son arrojadizas, algunas de palmas y otras maderas recias, y agudas las puntas, y éstas tiran a pura fuerza de brazo; otras hay de carrizos o cañas derechas y ligeras, a las cuales ponen en las puntas un pedernal o una punta de otro palo recio ingerido, y estas tales tiran con amientos (65), que los indios llaman estorica. La macana es un palo algo más estrecho que cuatro dedos, y grueso, y con dos hilos, y alto como un hombre, o poco más o menos, según a cada uno place o a la medida de su fuerza, y son de palma o de otras maderas que hay fuertes, y con estas macanas pelean a dos manos y dan grandes golpes y heridas, a manera de palo machucado; y son tales, que aunque den sobre un yelmo harán desatinar a cualquiera hombre recio. Estas gentes que aquestas armas usan, la más parte de ellas, aunque son belicosos, no lo son con mucha parte ni proporción, según los indios que usan el arco y las flechas; y éstos que son flecheros viven desde el dicho golfo de Urabá o punta que llaman de Caribana (66), a la parte del levante, y es también costa alta, y comen carne humana, y son abominables, sodimitas y crueles, y tiran sus flechas emponzoñadas de tal yerba, que por maravilla escapa hombre de los que hieren, antes mueren rabiando, comiéndose a pedazos y mordiendo la tierra. Desde esta Caribana, todo lo que costea la provincia del Cenú y de Cartagena y los Coronados y Santa María y la Sierra Nevada, y hasta el golfo de Cumaná y la Boca del Drago, y todas las islas que cerca de esta costa están, en más espacio de seis-

(63)   Palabra usada en castellano desde el siglo XIII. *Brasil* es igual a *palo de tinte,* encarnado, y por ser de este color, así se le llamó, derivado de *brasa,* por la rojez de ésta.

(64)   Palabra taína. Es una especie de bate, de la palabra *manaca,* palabra usada en las Antillas y que desde el Descubrimiento emplearon los españoles, con una ligera metátesis: *macana* por *manaca.*

(65)   Correas empleadas para arrojar flechas y venablos.

(66)   *Caribiana,* de los caribes.

cientas leguas, todas o la mayor parte de los indios son flecheros y con yerba (67); y hasta ahora el remedio contra esta yerba no se sabe, aunque muchos cristianos han muerto con ella; pero porque dije Coronados, es bien que se diga por qué se llaman coronados, y es porque de hecho en cierta parte de la dicha costa todos los indios andan tresquilados y el cabello tan alto como le suelen tener los que ha tres meses que se raparon la cabeza, y en el medio de lo que así está crecido el cabello, una gran corona, como fraile de San Agustín que estuviese tresquilado, muy redonda, Todos estos indios coronados son recia gente y flecheros, y tienen hasta treinta leguas de costa, desde la punta de la Canoa arriba hasta el río Grande, que llaman Guadalquivir, cerca de Santa Marta; en el cual río, atravesando yo por aquella costa, cogí una pipa de agua dulce en el mismo río, después que estaba el río entrado en la mar más de seis leguas. La yerba de que aquestos indios usan la hacen, según algunos indios me han dicho, de unas manzanillas olorosas y de ciertas hormigas grandes, de que adelante se hará mención, y de víboras y alacranes y otras ponzoñas que ellos mezclan, y la hacen negra que parece cera-pez muy negra; de la cual yerba yo hice quemar en Santa Marta, en un lugar dos leguas o más la tierra adentro, con muchas saetas de munición, gran cantidad, el año de 1514, con toda la casa o bohío en que estaba la dicha munición, al tiempo que allí la armada que con Pedrarias de Avila envió a la dicha Tierra-Firme el Católico rey don Fernando, que en gloria está. Pero porque atrás se dijo que en la manera del comer y bastimentos casi los indios de las islas y de Tierra-Firme se sustentaban de una manera, digo que cuanto al pan así es verdad, y cuanto a la mayor parte de las frutas y pescados; pero comúnmente en Tierra-Firme hay más frutas y creo que más diferencias de pescados, y hay muchos y muy extraños animales y aves; pero antes que a esas particularidades se proceda me parece que será bien decir alguna cosa de las poblaciones y moradores y casas y ceremonias de los indios, y de ahí iré discurriendo por las otras cosas que se me acordaren de aquella gente y tierra.

(67)   Conocimiento de hierbas o curare. Los europeos también emponzoñaban sus flechas con la llamada *yerba ballestera*.

Capítulo X

*De los indios de Tierra-Firme y de sus costumbres y ritos
y ceremonias*

Estos indios de Tierra-Firme son de la misma estatura y color que los de las islas, y si alguna diferencia hay es antes declinando a mayores que no a menores, en especial los que atrás dije que eran coronados, que son recios y grandes sin duda más que los otros todos que por aquellas partes he visto, excepto los de las islas de los Gigantes, que están puestos a la parte del mediodía de la isla Española, cerca de la costa de Tierra-Firme. E asimismo otros que llaman los yuçayos (68), que están puestos a la banda del norte, y los unos y los otros de estas dos partes señaladamente, aunque no son gigantes, sin duda son la mayor gente de los indios que hasta ahora se sabe, y son mayores que los alemanes comúnmente, y en especial muchos de ellos, así hombres como mujeres, son muy altos, y ellos y ellas flecheros, pero no tiran con yerba.

En Tierra-Firme el principal señor se llama en algunas partes quevi, y en otras cacique (69), y en otras de otra manera, porque hay muy diversas y apartadas lenguas entre aquellas gentes. Pero en una gran provincia de Castilla del Oro, que se llama Cueva, hablan y tienen mejor lengua mucho que en otras partes, y en aquella es donde los cristianos están más enseñoreados; y toda la dicha lengua de Cueva, o la mayor parte la tienen sojuzgada. En la cual provincia llaman al que es hombre principal, que tiene vasallos y es inferior del cacique, saco; y aquesto saco tiene otros muchos indios a él sujetos, que tienen tierra y lugares, que se llaman cabra, que son como caballeros o hombres hijosdalgo, separados de la gente común, y más principales que los otros del vulgo, y mandan a los otros; pero el cacique y el saco y el cabra tienen sus nombres propios, y asimismo las provincias y ríos y valles o asientos do viven tienen sus nombres particulares. Pero la manera de cómo un indio que es de la gente común sube a ser cabra y alcanza este nombre

(68)   Indios de las Lucayas, o Bahamas.
(69)   *Cacique* es voz arauaca, y por ello Fernández de Oviedo la halla entre los taínos y los indios del septentrión de Sudamérica, pues están ligüísticamente emparentados.

o hidalguía es, que cuando quier que en alguna batalla de un cacique o señor contra otro se señala algún indio y sale herido, luego el señor principal le llama cabra, y le da gente que mande, y le da tierra o mujer, o le hace otra merced señalada por lo que obró aquel día, y dende en adelante es más honrado que los otros, y es separado y apartado del vulgo y gente común, y sus hijos de éste, varones, suceden en la hidalguía y se llaman cabras, y son obligados a usar la milicia y arte de la guerra, y a la mujer del tal, demás de su nombre propio, la llaman espave, que quiere decir señora; y asimismo a las mujeres de los caciques y principales las llaman espaves. Estos indios tienen sus asientos, algunos cerca de la mar, y otros cerca del río o quebrada de agua, donde haya arroyos y pesquerías, porque comúnmente su principal mantenimiento y más ordinario es el pescado, así porque son muy inclinados a ello, como porque más fácilmente lo pueden haber en abundancia, mejor que las salvajinas (70) de puercos (71) y ciervos, que también matan y comen. La forma de cómo pescan es con redes, porque las tienen y saben hacer muy buenas de algodón, de lo cual natura los proveyó largamente, y hay muchos bosques y montes llenos; pero lo que ellos quieren hacer más blanco y mejor, cúranlo y plántanlo en sus asientos junto a sus casas o lugares donde viven. E los venados y puercos ármanlos con cepos y otros armadijos de redes, donde caen, y a veces montean y ojéanlos, y con cantidad de gente los atajan y reducen a lugar que los pueden, con saetas y varas arrojadas, matar; y después de muertos, como no tienen cuchillos para los desollar, cuartéanlos y hácenlos partes con piedras y pedernales, y ásanlos sobre unos palos que ponen, a manera de parrillas o trébedes, en hueco, que ellos llaman barbacoas (72), y la lumbre debajo, y de aquesta misma manera asan el pescado; porque como la tierra está en clima que naturalmente es calurosa, aunque es templada por la Providencia divina, presto se daña el pescado o la carne que no se asa el día que muere.

(70)   Animales salvajes.
(71)   Naturalmente, no se refiere a los porcinos europeos, sino a especies americanas continentales, ya que el mismo Fernández de Oviedo observa que en las islas no hay animales cuadrúpedos.
(72)   Palabra arauaca, antillana, que usa Fernández de Oviedo por haber estado en las islas.

Dije que es la tierra naturalmente calurosa y por la providencia de Dios templada; es de aquesta manera; no sin causa los antiguos tuvieron que la tórrida zona, por donde pasa la línea Equinocial, era inhabitable, por tener el sol más dominio allí que en otra parte de la esfera y estar justamente entre ambos trópicos de Cáncer y Capricornio; y así, por vista de ojos se ve que la superficie de la tierra hasta un estado de un hombre está templada, y en aquella cantidad los árboles y plantas prenden, y de allí adelante no pasan sus raíces; antes en aquel espacio se tienden y encepan y desaparecen y hacen tamaña o mayor ocupación con las raíces de lo que de suso ocupan con las ramas, y no entran a lo hondo ni más adelante las dichas raíces, porque de aquella cantidad o espacio para abajo está la tierra calidísima, y esta superficie está templada y húmeda mucho, así por las muchas aguas que en aquella tierra caen del cielo (en sus tiempos ordenados y entre el año), como por la mucha cantidad de ríos grandísimos y arroyos y fuentes y paludes (73), de que proveyó aquella tierra aquel soberano Señor que la formó, y con muchas sierras y montañas altas, y muy lindos y templados aires y suaves serenos las noches: de las cuales particularidades, ingorantes del todo los antiguos, decían ser inhabitable naturalmente la dicha tórrida zona y Equinocial línea. Todo esto depongo (74) y afirmo como testigo de vista, y se me puede mejor creer que a los que por conjeturas, sin lo ver, tenían contraria opinión.

Está la costa del norte en el dicho golfo de Urabá y en el puerto del Darién, adonde desde España van los navíos, en siete grados y medio, y en siete y aun en menos, y de éstas hay pocas. E lo que de esta tierra y nueva parte del mundo está puesto más al oriente es el cabo de San Agustín, el cual está en ocho grados.

Así que el dicho golfo de Urabá está apartado de la dicha línea Equinocial desde ciento y veinte hasta ciento y treinta leguas y tres cuartos de legua, a razón de diez y siete leguas y media que se cuentan por grado de polo a polo, y así poco más o menos toda la costa. De la cual causa en la ciudad de Santa María del Antigua del Darién y en todo aquel paraje

(73) Pantanos, lagos, lagunas.
(74) El verbo *deponer,* que equivale a declarar, es de uso curialesco, muy lógico en un escritor, como Fernández de Oviedo, de familia de escribanos.

del sobredicho golfo de Urabá, todo el tiempo del mundo son los días y las noches del todo iguales, y aquesta diferencia o poco que queda hasta la Equinocial es tan poco espacio en viente y cuatro horas, que es un día natural, que no se conoce ni lo pueden alcanzar sino los especulativos y personas que entienden el esfera; y está allí el norte muy abajo, y cuando las guardas están en el pie, no se pueden ver, porque están debajo del horizonte; pero porque aquesto no es para más decir el sitio de la tierra, vamos a las otras particularidades de mi intención y deseo con que esta relación se comenzó. Dije de suso que en sus tiempos ordenados en aquella tierra llovía, y así es la verdad, porque hay invierno y verano al contrario que en España, porque aquí es de lo más recio del invierno diciembre y enero, así en hielos como en lluvias, y el verano es (o el tiempo de más calor) por San Juan y mes de julio; así al opósito en Castilla del Oro es el verano y tiempo más enjuto y sin aguas por Navidad y un mes antes y otro después, y el tiempo que allá cargan las aguas es por San Juan y un mes antes y otro después, y aquello se llama allá invierno, no porque entonces haya más frío ni por Navidad más calor (pues en esta parte siempre es el tiempo de una manera), pero porque en aquella sazón de las aguas no se ve el sol así ordinariamente, y parece que aquel tiempo de las aguas encoge la gente y les pone frío sin que le haya.

Los caciques y señores que son de esta gente tienen y toman cuantas mujeres quieren, y si las pueden haber que les contenten y bien dispuestas, siendo mujeres de linaje, hijas de hombres principales de su nación y lengua, porque de extraños no las toman ni quieren, aquéllas escogen y tienen; pero cuando de tales no hay, toman las que mejor les parecen, y el primer hijo que han, siendo varón, aquel sucede en el estado, y faltándole hijos, heredan las hijas mayores, y aquéllas casan ellos con sus principales vasallos. Pero si del hijo mayor quedaron hijas, y no hijos, no heredan aquéllas, sino los hijos varones de la segunda hija, porque aquélla ya saben que es forzosamente de su generación. Así que el hijo de mi hermana indubitadamente es mi sobrino, y el hijo o hija de mi hermano puédese poner en duda. Las otras gentes toman sendas mujeres no más, y aquéllas algunas veces las dejan, y toman otras, pero acaece pocas veces; ni tampoco para esto es menester mucha ocasión, sino la voluntad de uno o de entrambos, en especial cuando no paren; y comúnmente son buenas de su persona; pero también hay muchas que de grado se conceden a quien las quiere, en especial las que son principales, las cuales ellas mismas dicen que las mujeres nobles y señoras no han de negar ninguna cosa que se les pida, sino las villanas. Pero asimismo tienen respeto las tales a no se mezclar con gente común, excepto si es cristiano, porque como los conocen por muy hombres, a todos los tienen por nobles comúnmente, aunque no dejan de conocer la diferencia y ventaja que hay entre los cristianos de unos a otros, en especial a los gobernadores y personas que ellas ven que mandan a los otros hombres, mucho los acatan, y por honradas se tienen mucho cuando alguno de los tales las quisieren bien; y muchas de ellas, después que conocen algún cristiano carnalmente, le guardan lealtad si no está mucho tiempo apartado o ausente, porque ellas no tienen fin a ser viudas, ni religiosas que guarden castidad. Tienen muchas de ellas por costumbre que cuando se empreñan toman una yerba con que luego mueven y lanzan la preñez, porque dicen que las viejas han de parir, que ellas no quieren estar ocupadas para dejar sus placeres, ni empreñarse, para que pariendo se les aflojen las tetas, de las cuales mucho se precian, y las tienen muy buenas; pero cuando paren se van al río y se lavan, y la sangre y purgación luego les cesa, y pocos días dejan de hacer ejercicio por causa de haber parido, antes se cierran de manera, que según dicen los que a ellas se dan, son tan estrechas mujeres, que con pena los varones consumen sus apetitos, y las que no han parido están que parecen casi vírgenes. En algunas partes ellas traen unas mantillas desde la cinta hasta la rodilla rodeadas, que cubren sus partes menos honestas, y todo lo demás en cueros, según nacieron; y los hombres traen un canuto de oro los principales, y los otros hombres sendos caracoles, en que traen metido el miembro viril, y lo demás descubierto, porque los testigos próximos a tal lugar les parece a los indios que son cosa de que no se deben avergonzar; y en muchas provincias ni ellos ni ellas traen cosa alguna en aquellos lugares ni en parte otra de toda la persona. Llaman a la mujer ira en la provincia de Cueva, y al hombre chui. Este vocablo ira (75)

(75)   Humorístico juego de palabras: *ira* = mujer, y la mujer, como ser iracundo.

dado allí a la mujer, paréceme que no le es muy desconveniente a la mujer, ni fuera de propósito a muchas de ellas acullá ni a algunas acá. Las diferencias sobre que los indios riñen y vienen a la batalla son sobre cuál tendrá más tierra y señorío, y a los que pueden matar matan, y algunas veces prenden y los hierran (76) y se sirven de ellos por esclavos, y cada señor tiene su hierro conocido; y así, hierran a los dichos esclavos, y algunos señores sacan un diente de los delanteros al que toman por esclavo, y aquello es su señal. Los caribes flecheros, que son los de Cartagena y la mayor parte de aquella costa, comen carne humana, y no toman esclavos ni quieren a vida ninguno de sus contrarios o extraños, y todos los que matan se los comen, y las mujeres que toman sírvense de ellas, y los hijos que paren (si por caso algún caribe se echa con las tales) cómenselos después; y los muchachos que toman de los extraños, cápanlos y engórdanlos y cómenselos. Para pelear o para ser gentiles hombres píntanse con jangua, que es un árbol de que adelante se dirá, de que hacen una tinta negra, y con bija (77), que es una cosa colorada, de que hacen pelotas como de almagro; pero la bija es de más fina color; y páranse muy feos y de diferentes pinturas la cara y todas las partes que quieren de sus personas; y esta bija es muy malà de quitar hasta que pasan muchos días, y aprieta mucho las carnes, y hállanse bien con ella, demás de parecerles a los indios que es una muy hermosa pintura.

Para comenzar sus batallas, o para pelear, y para otras cosas muchas que los indios quieren hacer, tienen unos hombres señalados, y que ellos mucho acatan, y al que es de estos tales llámanle tequina; no obstante que a cualquiera que es señalado en cualquier arte, así como en ser mejor montero o pescador, o hacer mejor una red o un arco o otra cosa, le llaman tequina; y quiere decir tequina tanto como maestro. Así que el que es maestro de sus responsiones y inteligencias con el diablo, llámanle tequina; y este tequina

(76)   El verbo *herrar* tiene aquí el sentido de señalizar, pues los indios no sólo no tuvieron hierro, sino que no usaron marcas con metales *al rojo* sobre el cuerpo, para los esclavos. En las líneas siguientes aclara cuál fue el sistema de marcas o señales.

(77)   O *bixa (Bixa Orellana),* palabra del continente.

habla con el diablo y ha de él sus respuestas, y les dice lo que han de hacer, y lo que será mañana o desde a muchos días; porque como el diablo sea tan antiguo astrólogo, conoce el tiempo y mira adónde van las cosas encaminadas, y las guía la natura; y así, por el efecto que naturalmente se espera, les da noticia de lo que será adelante, y les da a entender que por su deidad, o que como señor de todos y movedor de todo lo que es y será, sabe las cosas por venir y que están por pasar; y que él atruena, y hace sol, y llueve, y guía los tiempos, y les quita o les da los mantenimientos: los cuales dichos indios, engañados por él de haber visto que en efecto les ha dicho muchas cosas que estaban por pasar y salieron ciertas, créenle en todo lo demás, y témenle y acátanle, y hácenle sacrificios en muchas partes de sangre y vidas humanas, y en otras de sahumerios aromáticos y de buen olor, y de malos también; y cuando Dios dispone lo contrario de lo que el diablo les ha dicho y les miente, dales a entender que él ha mudado la sentencia por algún enojo, o por otro achaque o mentira, cual a él le parece, como quiera que es suficientísimo maestro para las ordenar, y engañar las gentes, en especial a los que tan pobres de defensa están con tan grande adversario. Claramente dicen que el tuyra los habla, porque así llaman al demonio (78); y a los cristianos en algunas partes asimismo los llaman tuyras, creyendo que por aquel nombre los horan más y loan mucho; y en la verdad buen nombre, o mejor diciendo, conveniente, dan a algunos, y bien les está tal apellido, porque han pasado a aquellas partes personas que, pospuestas sus conciencias y el temor de la justicia divina y humana, han hecho cosas, no de hombres, sino de dragones y de infieles, pues sin advertir ni tener respeto alguno humano, han sido causa que muchos indios que se pudieran convertir y salvarse, muriesen por diversas formas y maneras; y en caso que no se convirtieran los tales que así murieron, pudieran ser útiles, viviendo, para el servicio de vuestra majestad, y provecho y utilidad de los cristianos, y no se despoblara totalmente alguna parte de la tierra, que de esta causa está casi

(78) A los dioses indígenas en general, los escritores de Indias les llaman *demonios,* y si los indios llamaban a los españoles *Tuyra* (como más abajo escribe Fernández de Oviedo) no era porque los diputaran demonios, sino todo lo contrario, como *teules* en México, o *Viracochas* en el Perú.

yermo de gente, y los que han sido causa de aquesto daño llaman pacificado a lo despoblado; y yo, más que pacífico, lo llamo destruído (79); pero en esta parte satisfecho está Dios y el mundo de la santa intención y obra de vuestra majestad en lo de hasta aquí, pues con acuerdo de muchos teólogos y juristas y personas de altos entendimientos, ha proveído y remediado con su justicia todo lo que ha sido posible, y mucho más con la nueva reformación (80) de su real consejo de Indias, donde tales prelados y de tales letras, y con ellos, tan doctos varones, canonistas y legistas, y que en ciencia y conciencia los unos y los otros tanta parte tienen, espero en Jesucristo que todo lo que hasta aquí ha habido errado por los que a aquellas partes han pasado, se enmendará con su prudencia, y lo por venir se acertará de manera que nuestro Señor sea muy servido, y vuestra majestad por el semejante, y aquestos sus reinos de España muy enriquecidos y aumentados por respecto de aquella tierra, pues tan riquísima la hizo Dios, y os la tuvo guardada desde que la formó, para hacer a vuestra majestad universal y único monarca en el mundo.

Tornando al propósito del tequina que los indios tienen, y está para hablar con el diablo, y por cuya mano y consejo se hacen aquellos diabólicos sacrificios y ritos y ceremonias de los indios, digo que los antiguos romanos, ni los griegos, ni los troyanos, ni Alejandro, ni Darío, ni otros príncipes antiguos, por no católicos estuvieron fuera de estos errores y supersticiones, pues tan gobernados eran de aquellos arúspices o adivinos, y tan sujetos a los errores y vanidades y conjeturas de sus locos sacrificios, en los cuales interviniendo el diablo algunas veces, acertaban y decían algo de lo que sucedía después, sin saber de ello ninguna cosa ni certinidad (81) más de lo que aquel común adversario de

(79)   Aunque Fernández de Oviedo y el Padre las Casas polemizan posteriormente, por el modo cómo aquél había expuesto (en su *Historia General*) el fracaso lascasiano de Cumaná, vemos que Fernández de Oviedo está del mismo lado ideológico, o en la misma línea que el dominico, en cuanto acusa a los españoles de ser la cuasa —algunos españoles— de haber *destruido* las Indias, usando de la misma palabra que veintisiete años después emplearía Fray Bartolomé en su *Brevissima*.

(80)   Que fue creado precisamente en 1525, en que Fernández de Oviedo está escribiendo.

(81)   Certeza.

natura humana les enseñaba, para los traer y allegar a su perdición y muerte; y así por consiguiente, cuando el sacrificio faltaba, se excusaban o ponían cautelosas y equívocas respuestas, diciendo que los dioses (vanos) que adoraban estaban indignados, etc.

Después que vuestra majestad está en esta ciudad de Toledo (82), llegó aquí en el mes de noviembre el piloto Esteban Gómez, el cual, en el año pasado de 1524, por mandado de vuestra majestad, fue a la parte del norte, y halló mucha tierra continuada con la que se llama de los Bacallaos (83), discurriendo al occcidente, y puesta en cuarenta grados y cuarenta y uno, y así, algo más y algo menos, de donde trajo algunos indios, y los hay de ellos al presente en esta ciudad, los cuales son de mayor estatura que los de la Tierra-Firme, según lo que de ellos parece común, y porque el dicho piloto dice que vió muchos de ellos y que son así todos; la color es así como los de Tierra-Firme, y son grandes flecheros, y andan cubiertos de cueros de venados y otros animales, y hay en aquella tierra excelentes martas cebellinas y otros ricos enforros, y de estas pieles trajo algunas el dicho piloto. Tienen plata y cobre, según estos indios dicen y lo dan a entender por señas, y adoran el sol y la luna; y así tendrán otras idolatrías y errores como los de Tierra-Firme, etcétera.

Dejado esto, y tornando a continuar en las costumbres y errores de los indios, es de saber que en muchas partes de la Tierra-Firme, cuando algún cacique o señor principal se muere, todos los más familiares y domésticos criados y mujeres de su casa que continuo le servían, se matan; porque tienen por opinión, y así se lo tiene dado a entender el tuyra, que el que se mata cuando el cacique muere, que va con él al cielo, y allá le sirve de darle de comer o a beber, o está allá arriba para siempre ejercitando aquel mismo oficio que acá, viviendo, tenía en casa del tal cacique; y que el que aquesto no hace, que cuando muere por otra causa o de su muerte natural, que también muere su ánima como su cuerpo; y que todos los otros indios y vasallos del dicho cacique, cuando se mueren, que también, según es dicho, mueren

(82)   Donde, para proximidad con la Corte, escribe Fernández de Oviedo y se había instalado.
(83)   Terranova.

sus ánimas con el cuerpo; y así, se acaban y convierten en aire, y o en no ser alguna cosa, como el puerco, o el ave, o el pescado, o otra cualquiera cosa animada; y que aquesta preeminencia tienen y gozan solamente los criados y familiares que servían al señor y cacique principal en su casa o en algún servicio; y de aquesta falsa opinión viene que también los que entendían en le sembrar el pan y cogerlo, que por gozar de aquella prerrogativa se matan, y hacen enterrar consigo un poco de maíz y una macana pequeña; y dicen los indios que aquello se lleva para que si en el cielo faltare simiento, que no le falte aquello poco para principio de su ejercicio, hasta que el tuyra, que todas estas maldades les da a entender, los proveyese de más cantidad de simiente. Esto experimenté yo bien, porque encima de las sierras de Guaturo, teniendo preso al cacique de aquella provincia, que se había rebelado del servicio de vuestra majestad, le pregunté que ciertas sepulturas que estaban dentro de una casa suya, cúyas eran; y dijo que de unos indios que se habían muerto cuando el cacique su padre murió; y porque muchas veces suelen enterrarse con mucha cantidad de oro labrado, hice abrir dos sepulturas, y hallóse dentro de ellas el maíz y macana que de suso se dijo; y preguntada la causa, el dicho cacique y otros sus indios dijeron que aquellos que allí habían sido enterrados eran labradores, personas que sabían sembrar y coger muy bien el pan, y eran sus criados y de su padre, y que porque no muriesen sus ánimas con los cuerpos, se habían muerto cuando murió su padre, y tenían aquel maíz y macanas para lo sembrar en el cielo, etc. A lo cual yo le repliqué que mirase cómo el tuyra los engañaba, y todo lo que les daba a entender era mentira, pues que a cabo de mucho tiempo que aquéllos eran muertos nunca se habían llevado el maíz ni la macana, y se estaba allí podrido, y que ya no valía nada, ni habían sembrado nada en el cielo. A esto dijo el Cacique que si no lo habían llevado sería porque, por haber hallado mucho en el cielo, no habría sido necesario aquello. A este error se le dijeron muchas cosas, las cuales aprovechan poco para sacarlos de sus errores, en especial cuando ya son hombres de edad, según el diablo los tiene ya enlazados; al cual, así como les suele parecer cuando les habla, de aquella misma manera lo pintan, de colores y de muchas maneras; asimismo lo hacen de oro de relieve y entallado en madera, y muy espantable siempre feo, y tan diverso como le suelen acá pintar los pintores a los pies de San Miguel Arcángel o de San Bartolomé, o en otra parte donde más temeroso le quieren figurar. Asimismo, cuando el demonio los quiere espantar, promételes el huracán (84), que quiere decir tempestad; la cual hace tan grande, que derriba casas y arranca muchos y muy grandes árboles; y yo he visto en montes muy espesos y de grandísimos árboles, en espacio de media legua, y de un cuarto de legua continuado, estar todo el monte trastornado, y derribados todos los árboles chicos y grandes, y las raíces de muchos de ellos para arriba, y tan espantosa cosa de ver, que sin duda parecía cosa del diablo, y no de poderse mirar sin mucho espanto. En este caso deben contemplar los cristianos con mucha razón que todas las partes donde el Santo Sacramento se ha puesto, nunca ha habido los dichos huracanes y tempestades grandes con grandísima cantidad, ni que sean peligrosas como solía. Asimismo en la dicha Tierra-Firme acostumbran entre los caciques, en algunas partes de ella que cuando mueren, toman el cuerpo del cacique y asiéntanle en una piedra, o leño, y en torno de él, muy cerca sin que la brasa ni la llama toque en la carne del difunto, tiene muy gran fuego y muy continuo hasta tanto que toda la grasa y humedad se sale por las uñas de los pies y de las manos, y se va en sudor y se enjuga de manera, que el cuero se junta con los huesos, y toda la pulpa y carne se consume (85); y desde así enjuto está, sin lo abrir (ni es menester) lo ponen en una parte que en su casa tienen apartada, junto al cuerpo de su padre del tal cacique, que de la misma manera está puesto; y así, viendo la cantidad y número de los muertos, se conoce qué tantos señores ha habido en aquel estado, y cuál fué hijo del otro, que están puestos así por orden. Bueno es de creer que el que de estos caciques murió en alguna batalla de mar o de tierra, y que quedó en parte que los suyos no pudieron tomar su cuerpo y llevarlo a su tierra para lo poner con los otros caciques, que faltara del número; y para esto y suplir la memoria y falta de las

(84) O *Juracán*. En voz quiché (maya), según Moríñigo y Hernández Ureña. Los antillanos lo consideraban movido por un genio maligno y destructor.

(85) Procedimiento de momificación, propio de una tierra húmeda, donde el enterramiento o conservación natural del cadáver conduciría a su destrucción.

letras (pues no las tienen), luego hacen que sus hijos aprendan y sepan muy de coro la manera de la muerte de los que murieron de forma que no pudieron ser allí puestos, y así lo cantan en sus cantares, que ellos llaman areitos (86). Pero pues dije de suso que no tenían letras, antes que se me olvide de decir lo que de ellas se espantan, digo que cuando algún cristiano escribe con algún indio a alguna persona que esté en otra parte o lejos de donde se escribe la carta, ellos están admirados en mucha manera de ver que la carta dice acullá, lo que el cristiano que la envía quiere, y llévanla con tanto respeto o guarda, que les parece que también sabrá decir la carta lo que por el camino le acaece al que la lleva; y algunas veces piensan algunos de los menos entendidos de ellos, que tiene ánima.

Tornando al areito, digo que el areito es de esta manera: cuando quieren haber placer y cantar, júntase mucha compañía de hombres y mujeres, y tomándose de las manos mezclados, y guía uno, y dícenle que sea él el de la tequina, *id est,* el maestro; y este que ha de guiar, ahora sea hombre, ahora sea mujer, da ciertos pasos adelante y ciertos atrás, a manera propia de contrapás, y andan en torno de esta manera, y dice cantando en voz baja o algo moderada lo que se le antoja, y concierta la medida de lo que dice con los pasos que anda dando; y como él lo dice, respóndele la multitud de todos los que en el contrapás o areito andan lo mismo, y con los mismos pasos y orden juntamente en tono más alto; y dúrales tres y cuatro y más horas, y aun desde un día hasta otro, y en este medio tiempo andan otras personas detrás de ellos dándoles a beber un vino que ellos llaman chicha, del cual adelante será hecha mención; y beben tanto, que muchas veces se tornan tan beodos, que quedan sin sentido; y en aquellas borracheras dicen cómo murieron los caciques, según de suso se tocó, y también otras cosas como se les antoja; y ordenan muchas veces sus traiciones contra quienes ellos quieren, algunas veces se remudan los tequinas o maestro que guía la danza, y aquel que de nuevo guía la danza muda el tono y el contrapás y las palabras. Esta manera de baile cantando, según es dicho, parece mucho a la forma de los cantares que usan los labradores y gentes de pueblos cuando en el verano se juntan con los panderos,

(86)   Se empleó sólo en las islas, no en Tierra-Firme.

hombres y mujeres, a sus solaces; y en Flandes he visto también esta forma o modo de cantar bailando; y porque no se pase de la memoria qué cosa es aquella chicha o vino que beben, y cómo se hace, digo que toman el grano del maíz según en la cantidad que quieren hacer la chicha, y pónelo en remojo, y está así hasta que comienza a brotar, y se hincha, y nacen unos cogollicos por aquella parte que el grano estuvo pegado en la mazorca que se crió, y desque está así sazonado, cuécenlo en agua, y después que ha dado ciertos hervores, sacan la caldera o la olla en que se cuece, del fuego, y repósase, y aquel día no está para beber; pero el segundo se comienza a asentar y a beber, y el tercero está bueno, porque está de todo punto asentado, y el cuarto día muy mejor, y pasando el quinto día se comienza a acedar, y el sexto más, y el séptimo no está para beber; y de esta causa siempre hacen la cantidad que basta hasta que se dañe; pero en el tiempo que ello está bueno, digo que es de muy mejor sabor que la sidra o vino de manzanas, y a mi gusto y al de muchos, que la cerveza, y es muy sano y templado; y los indios tienen por muy principal mantenimiento aqueste brebaje, y es la cosa del mundo que más sanos y gordos los tiene.

Las casas en que estos indios viven son de diversas maneras, porque algunas son redondas como un pabellón, y esta manera de casa se llama caney. En la isla Española hay otra manera de casas, que son hechas a dos aguas, y a éstas llaman en Tierra-Firme bohío (87); y las unas y las otras son de muy buenas maderas, y las paredes de cañas atadas con bejucos, que son unas venas o correas redondas, que nacen colgadas de grandes árboles y abrazadas con ellos, y las hay tan gruesas y delgadas como las quieren, y algunas veces las hienden y hacen tales como las han menester para atar las maderas y ligazones de la casa; y las paredes son de cañas, juntas unas con otras, hincadas en tierra cuatro o cinco dedos en hondo, y alcanzan arriba, y hácese una pared de ellas buena y de buena vista, y encima son las dichas casas cubiertas de paja o yerba larga, y muy buena y bien puesta, y dura mucho, y no se llueven las casas (88), antes es tan

---

(87)   *Bohío* es palabra propiamente antillana y se menciona desde los primeros viajes colombinos.

(88)   No hay goteras, no cae dentro de la casa el agua de la lluvia.

buen cubrir para seguridad del agua como la teja. Este bejuco con que se atan es muy bueno majado, y sacado y colado el zumo; y bebido, se purgan con él los indios, y aun algunos cristianos he visto yo que la toman esta purga, y se hallan muy bien con ella, y los sana, y no es peligrosa ni violenta. Esta manera de cubrir las casas es de la misma manera y semejanza del cubrir las casas de los villajes y aldeas de Flandes. E si lo uno es mejor y más bien puesto que lo otro, creo que la ventaja la tienen el cubrir de las Indias, porque la paja o yerba es mejor mucho que la de Flandes. Los cristianos hacen ya estas casas con sobrados y ventanas porque tienen clavazón, y se hacen tablas muy buenas, y tales, que cualquier señor se puede aposentar largamente a su voluntad en algunas de ellas; y entre las que había en la ciudad de Santa María del Antigua del Darien, yo hice una que me costó más de mil y quinientos castellanos, y tal, que a un gran señor pudiera acoger en ella y muy bien aposentarle, y que me quedara muy bien en que vivir, con muchos aposentos altos y bajos, y con un huerto de muchos naranjos dulces y agrios, y cidros y limones, de lo cual todo ya hay mucha cantidad en los asientos de los cristianos, y por una parte del dicho huerto un hermoso río y el sitio muy gracioso y sano, y de lindos aires y vista sobre aquella ribera. Pero por desdicha de los vecinos que allí nos habíamos heredado (89), se ha despoblado el dicho pueblo, por medio y malicia de quien a ello dió causa (90), lo cual aquí no expreso porque vuestra majestad ha proveído y mandado a su real consejo de Indias que se haga justicia y sean satisfechos los agraviados. El tiempo dirá adelante lo que en esto se hará, y Dios lo guiará todo según la santa intención de vuestra majestad.

Prosiguiendo en la otra tercera manera de casas, digo que en la provincia de Abrayme, que es en la dicha Castilla de Oro, y por allí cerca, hay muchos pueblos de indios puestos sobre árboles, y encima de ellos tienen sus casas moradas, y hechas sendas cámaras, en que viven con sus

(89)   Asentado, fundado una heredad.
(90)   Se refiere a Pedrarias Dávila, cuya denuncia había ido a hacer Fernández de Oviedo a España. El despoblamiento de Santa María de la Antigua, motivado por la fundación de Panamá, fue la espina que tuvo clavada Fernández de Oviedo, que había construido casa sólida en Santa María.

mujeres y hijos, y por el árbol arriba sube una mujer con su hijo en brazos como si fuese por tierra llana, por ciertos escalones que tienen atados con bejugos, o ataduras de cuerdas de bejugo, y debajo todo el terreno es paludes de agua baja, de menos de estado, y algunas partes de estos lagos son hondos, y allí tienen canoas, que son cierta manera de barcas que son hechas de un árbol concavado, del tamaño que las quieren hacer (91). E de allí salen a la tierra rasa y enjuta, a sembrar sus maizales, y yuca, y batatas, y ajes, y las otras sus cosas de que usan para sus mantenimientos, y aquesta manera tienen estos indios en estos asientos o pueblos que hay de esta forma, por estar más seguros de los animales y bestias fieras y de sus enemigos, y más fuertes y sin sospecha del fuego. Estos indios no son flecheros, pero pelean con varas, de las que les tienen hecha mucha cantidad, y para su respeto y defensión puestas en sus cámaras o casas, para desde allí se defender, y ofender a sus adversarios. Hay otra manera de casas, en especial en el río grande de San Juan (que atrás se dijo que entra en el golfo de Urabá), en el medio del cual hay muchas palmas juntas nacidas, y sobre ellas están en lo alto las casas armadas, según atrás se dijo de Abrayme, y asaz mayores, y donde están muchos vecinos juntos, y tienen sus canoas atadas al pie de las dichas palmas para se servir de la tierra, y salir y entrar cuando les conviene; y son tan duras y malas de cortar estas palmas, de muy recias, que con muy gran dificultad se les podría hacer daño. Estos que están en estas casas, en el dicho río, pelean asimismo con varas; y los cristianos que allí llegaron con el adelantado Vasco Núñez de Balboa y otros capitanes, recibieron mucho daño, y ninguno les pudieron hacer a los indios, y se tornaron con pérdida y muertes de mucha parte de la gente. E aquesto baste cuanto a la manera de las casas; pero en las habitaciones de los pueblos son diferentes, porque unos son mayores que otros en algunas provincias, y comúnmente en la mayor parte pueblan desparcidos por los valles y en las aldeas y en otras partes y alturas de ellos, y sembrados a la manera que están en Vizcaya y en las montañas, unas casas desviadas de otras; pero muchas de ellas y mucho territorio debajo de la obediencia de un cacique, el cual es en gran manera obedecido y acata-

(91)   Está describiendo una aldea palafítica.

do de su gente, y muy servido; el cual cuando come en el campo, y comúnmente en el pueblo o asiento, todo lo que hay de comer se le pone delante, y él lo reparte a todos, y da a cada uno lo que le place. E continuamente tiene hombres diputados que le siembran, y otros que le montean (92), y otros que le pescan; y él algunas veces se ocupa en estas cosas, o en lo que más placer le da, en tanto que no está en la guerra.

Las camas en que duermen se llaman hamacas, que son unas mantas de algodón muy bien tejidas y de buenas y lindas telas, y delgadas algunas de ellas, de dos varas y de tres en luengo, y algo más angostas que luengas, y en los cabos están llenas de cordeles de cabuya y de henequén (la cual manera de este hilo y su diferencia adelante se dirá), y estos hilos son luengos, y vanse a juntar y concluir juntamente, y hácenles al cabo un trancahilo, como a una empulguera de una cuerda de ballesta, y así la guarnecen, y aquella atan a un árbol, y la del otro al cabo, con cuerdas o sogas de algodón, que llaman hicos, y queda la cama en el aire, cuatro o cinco palmos levantada de tierra, en manera de honda o columpio; y es muy buen dormir en tales camas, y son muy limpias; y como la tierra es templada, no hay necesidad de otra ropa ninguna encima. Verdad es que durmiendo en alguna sierra donde hace algún frío, o llegando hombre mojado, suelen poner brasa debajo de las hamacas para se calentar. Aquellas cuerdas con que se atan las empulgueras o fines de las dichas hamacas son unas sogas torcidas y bien hechas y de la groseza que conviene, de muy buen algodón; y cuando no duermen en el campo, para se atar de árbol a árbol, átanse en casa de un poste a otro, y siempre hay lugar para las colgar.

Son muy grandes nadadores todos los indios comúnmente, así los hombres como las mujeres, porque desde que nacen continúan andar en el agua; pero para entender cuán hábiles son los indios en el nadar, basta lo que es dicho en el lugar donde se dijo de la manera que en las islas de Cuba y de Jamaica toman los indios las ánsares, etc.

Lo que toqué de suso en los hilos de la cabuya y del henequén, que me ofrecí de especificar adelante, es así: de ciertas hojas de una yerba, que es de la manera de los lirios

(92)   Hacer montería, cazar, para sus señores.

o espadaña, hacen estos hilos de cabuya o henequén, que todo es una cosa, excepto que el henequén es bien delgado y se hace de lo mejor de la materia, y es como el lino, y lo al (93) es más basto, o en diferencia es como de cáñamo de cerro a lo otro más tosco, y la color es como rubio, y alguno hay casi blanco.

Con el henequén, que es lo más delgado de este hilo, cortan, si les dan lugar a los indios, unos grillos o una barra de hierro, en esta manera: como quien siega o asierra, mueven sobre el hierro que ha de ser cortado el hilo del henequén, tirando y aflojando, yendo y viniendo de una mano hacia otra, y echando arena muy menuda sobre el hilo en el lugar o parte que lo mueven, ludiendo (94) en el hierro, y como se va rozando el hilo, así lo van mejorando y poniendo del hilo que está más sano lo que está por rozar; y de esta forma siegan un hierro, por grueso que sea, y lo cortan como si fuese una cosa tierna y muy apta para cortarse.

También me ocurre una cosa que he mirado muchas veces en estos indios, y es que tienen el casco (95) de la cabeza más grueso cuatro veces que los cristianos. E así, cuando se les hace la guerra y vienen con ellos a las manos, han de estar muy sobre aviso de no les dar cuchillada en la cabeza, porque se han visto quebrar muchas espaldas, a causa de lo que es dicho, y porque además de ser grueso el casco, es muy fuerte.

Asimismo he notado que los indios, cuando conocen que les sobra la sangre, se sajan por las pantorrillas y en los brazos, de los codos hacia las manos, en lo que es más ancho encima de las muñecas, con unos pedernales muy delgados que ellos tienen para esto, y algunas veces con unos colmillos de víboras muy delgados o con unas cañuelas.

Todos los indios comúnmente son sin barbas, y por maravilla o rarísimo es aquel que tiene bozo o algunos pelos en la barba o en alguna parte de su persona, ellos ni ellas, puesto que el cacique de la provincia de Catarapa yo le vi que las tenía, y también en las otras partes que los hombres acá las tienen y a su mujer en el lugar y partes que las

(93)   Lo otro.
(94)   Frotando.
(95)   Los huesos del cráneo.

mujeres las suelen tener; y así, en aquella provincia diz que hay algunos, pero pocos, que esto tengan, según el mismo cacique me dijo, y decía que a él le venía el linaje, el cual cacique tenía mucha parte de la persona pintada, y estas pinturas son negras y perpetuas, según las que los moros en Berbería por gentileza traen, en especial las moras, en los rostros y otras partes; y así entre los indios, los principales usan estas pinturas en los brazos y en los pechos, pero no en la cara, sino los esclavos.

Cuando van a las batallas los indios en algunas provincias, en especial los caribes flecheros, llevan caracoles grandes, que suenan mucho, a manera de bocinas, y también atambores y muchos penachos muy lindos y algunas armaduras de oro, en especial unas piezas redondas, grandes, en los pechos y brazales, y otras piezas en las cabezas y en otras partes de las personas, y de ninguna manera tanto como en la guerra se precian de parecer gentiles hombres y ir lo más bien aderezados que ellos pueden de las joyas de oro y plumajes; y de aquellos caracoles hacen unas cuentecicas blancas de muchas maneras, y otras coloradas, y otras negras, y otras moradas, y canutos de lo mismo, y hacen brazaletes, mezclados con olivetas y cuentas de oro, que se ponen en las muñecas y encima de los tobillos y debajo de las rodillas por gentileza, en especial las mujeres que se precian de sí y son principales traen todas estas cosas en las partes que es dicho y a las gargantas, y llaman a estos sartales y cosas de esta manera, chaquira (96). Demás de esto, traen zarcillos de oro en las orejas y en las narices, hecho un agujero de ventana a ventana, colgado sobre el bozo. Algunos indios se tresquilan, aunque comúnmente ellos y ellas se precian mucho del cabello, y lo traen ellas más largo hasta media espalda, y cercenado igualmente y cortado muy bien por encima de las cejas, lo cual cortan con pedernales muy justa y igualmente. A las mujeres principales que se les van cayendo las tetas, ellas las levantan con barra de oro, de palmo y medio de luengo y bien labrada, y que pesan algunas más de doscientos castellanos, horadadas en los cabos, y por allí atados sendos cordones de algodón; el un cabo va sobre el hombro, y el otro debajo del sobaco,

(96)   Es un abalorio o grano de aljófar. Su aparición en el castellano está registrada precisamente en el 1526, año de la publicación del *Sumario*.

donde lo añudan en ambas partes; y algunas mujeres principales van a las batallas con sus maridos, o cuando son señoras de la tierra, y mandan y capitanean su gente, y de camino llévanlas como ahora diré.

Siempre el cacique principal tiene una docena de indios de los más recios, disputados para llevarle de camino, echado en una hamaca puesta en un palo largo, que de su natura es ligero, y aquellos van corriendo o medio trotando con él a cuestas sobre los hombros, y cuando se cansan los dos que lo llevan, sin se parar, luego se ponen otros dos, y continúan el camino, y en un día, si es en tierra llana, andan de esta manera quince y veinte leguas. Estos indios que aqueste oficio tienen, por la mayor parte son esclavos o naborías.

Naboría es un indio que no es esclavo, pero está obligado a servir aunque no quiera (97).

Y pues ya parece que aunque no tan larga ni suficientemente he dicho lo que hasta aquí está escrito, como estas cosas y otras muchas más sin comparación están copiosamente apuntadas en mi *General historia de las Indias,* quiero pasar a las otras partes y cosas de que en el proemio se hizo mención, y primeramente diré de algunos animales terrestres, en especial de aquellos que más certificada se hallare mi memoria.

Capítulo XI

De los animales, y primeramente del tigre

El tigre es animal que, según los antiguos escribieron, es el más velocísimo de los animales terrestres; y *tiguer* en griego quiere decir saeta; y así, por la velocidad del río Tigris se le dió este nombre. Los primeros españoles que vieron estos tigres en Tierra-Firme llamaron así a estos animales, los cuales son según y de la manera del que en esta ciudad de Toledo dió a vuestra majestad el almirante don Diego Colón, que le trajeron de la Nueva España. Tiene la hechura de la cabeza como león o onza, pero gruesa, y ella y todo el cuerpo y brazos pintado de manchas negras y jun-

(97) Los españoles no llegaron a comprender (por querer aplicar las categorías sociales y políticas europeas) la organización indígena. El *naboría* propiamente era el hombre llano de la población.

tas unas con otras, perfiladas de color bermejas, que hacen una hermosa labor o concierto de pintura; en el lomo y a par de él mayores estas manchas, y disminuyéndose hacia el vientre y brazos y cabeza; éste que aquí se trajo era pequeño y nuevo, y a mi parecer podría ser de tres años; pero haylos muy mayores en Tierra-Firme, y yo le he visto más alto bien que tres palmos y de más de cinco de luengo; y son muy doblados y recios de brazos y piernas, y muy armados de dientes y colmillos y uñas, y en tanta manera fiero, que a mi parecer ningún león real de los muy grandes no es tan fiero ni fuerte. De aquestos animales hay muchos en Tierra-Firme, y se comen muchos indios, y son muy dañosos; pero yo no me determino si son tigres, viendo lo que se escribe de la ligereza del tigre y lo que se ve de la torpeza de aquestos que tigres llamamos en las Indias. Verdad es que, según las maravillas del mundo y los extremos que las criaturas, más en unas partes que en otras, tienen, según las diversidades de las provincias y constelaciones donde se crían, ya vemos que las plantas que son nocivas en unas partes, son sanas y provechosas en otras, y las aves que en una provincia son de buen sabor, en otras partes no curan de ellas ni las comen; los hombres, que en una parte son negros, en otras provincias son blanquísimos, y los unos y los otros son hombres: ya podría ser que los tigres asimismo fuesen en una parte ligeros, como escriben, y que en la India de vuestra majestad, de donde aquí se habla, fuesen torpes y pesados. Animosos son los hombres y de mucho atrevimiento en algunos reinos, y tímidos y cobardes naturalmente en otros. Todas estas cosas, y otras muchas que se podrían decir a este propósito, son fáciles de probar y muy dignas de creer de todos aquellos que han leído o andado por el mundo, a quien la propia vista habrá enseñado la experiencia de lo que es dicho. Notorio es que la yuca, de que hacen pan en la isla Española, que matan con el zumo de ella, y que no se osa comer en fruta; pero en Tierra-Firme no tiene tal propiedad; que yo la he comido muchas veces, y es muy buena fruta. Los murciélagos en España aunque piquen no matan ni son ponzoñosos, pero en Tierra-Firme muchos hombres murieron de picaduras de ellos, como en su lugar se dirá. E así de aquesta forma se podrían decir tantas cosas, que no nos bastase tiempo para leerlas. Mi fin es decir que este animal podría ser tigre, y no de la ligereza de los tigres de quien Plinio y otros autores hablan. Aquestos de Tierra-Firme se matan muchas veces fácilmente por los ballesteros en esta manera: así como el ballestero ha conocimiento y sabe dónde anda algún tigre de éstos, vale a buscar con su ballesta y con un can pequeño ventor o sabueso (y no con perro de presa, porque al perro que con él se aferra le mata luego, porque es animal muy armado y de grandísima fuerza); el cual perro ventor, así como da de él y lo halla, anda alrededor ladrándole y pellizcando y huyendo; y tanto le molesta, que le hace subir y encaramar en el primero árbol que por allí está, y el dicho tigre, de importunado del dicho ventor, se sube a lo alto y se está allí, y el perro al pie del árbol ladrándole, y él regañando mostrando los dientes; llega el ballestero, y desde a doce o quince pasos le tira con un rallón y le da por los pechos, y echa a huir, y el dicho tigre queda con su trabajo y herido mordiendo la tierra y árboles, y desde a espacio de dos o tres horas o otro día el montero torna allí, y con el perro luego le halla donde está muerto. El año de 1522 años yo y otros regidores de la ciudad de Santa María del Antigua del Darien hicimos en nuestro cabildo y ayuntamiento una ordenanza, en la cual prometimos cuatro o cinco pesos de oro al que matase cualquiera tigre de éstos, y por este premio se mataron muchos de ellos en breve tiempo, de la manera que es dicho, y con cepos asimismo. Para mi opinión, ni tengo ni dejo de tener por tigres estos tales animales, o por panteras o otro de aquellos que se escriben del número de los que se notan de piel maculada (98), o por ventura otro nuevo animal que asimismo la tiene y no está en el número de los que están escritos; porque de muchos animales que hay en aquellas partes, y entre ellos aquestos que yo aquí pondré, o los más de ellos, ningún escritor supo de los antiguos, como quiera que están en parte y tierra que hasta nuestros tiempos era incógnita, y de quien ninguna mención hacia la *Cosmografía* del Tolomeo ni otra, hasta que el almirante don Cristóbal Colón nos la enseñó; cosa por cierto más digna y sin comparación hazañosa y grande que no fué dar Ercoles (99) entrada al mar Mediterráneo en el Océano, pues los griegos hasta él nunca le supieron; y de aquí viene aquella fábula

(98) Manchada.
(99) Hércules.

que dice que los montes Calpe y Avila (100) (que son los que en el estrecho de Gibraltar, el uno en España y el otro en Africa, están enfrente el uno del otro) eran juntos, y que el Ercoles que los abrió, dió por allí la entrada al mar Océano y puso sus columnas en Cáliz (101) y Sevilla, que vuestra majestad trae por divisa, con aquella letra de *Plus ultra;* palabras en verdad dignas de tan grandísimo y universal emperador, y no convenientes a otro príncipe alguno; pues en partes tan extrañas y tantos millares de leguas adelante de donde Ercoles y todos los príncipes universos han llegado, las ha puesto vuestra sacra católica majestad. Así que, pues que Ercoles fué el que aquello poco navegó, y por eso dicen los poetas que dió la puerta al Océano, etc., por cierto, Señor, aunque a Colón se hiciera una estatua de oro, no pensaran los antiguos que le pagaban si en su tiempo él fuera.

Tornando a la materia comenzada, digo que de la manera y facción de este animal, pues vuestra majestad le ha visto, y al presente está vivo en esta ciudad de Toledo, no hay qué se diga de él más de lo dicho; pero este leonero de vuestra majestad, que ha tomado cargo de le amansar, podría entender en otra cosa que más útil y provechosa le fuese para su vida, porque este tigre es nuevo, y cada día será más recio y fiero y se le doblará la malicia. A este animal llaman los indios ochi, en especial en Tierra-Firme, en la provincia que el Católico rey don Fernando mandó llamar Castilla del Oro. Después de esto escrito muchos días, sucedió que este tigre de que de suso se hizo mención, quiso matar al que tenía cargo de él, el cual lo había ya sacado de la jaula, y muy doméstico le tenía y atado con muy delgada cuerda, y tan familiar, que yo estaba espantado de verle, pero no desconfiado que esta amistad había de durar poco; en fin, que un día hubiera de matar al que tenía cargo de él; y desde a poco tiempo se murió el dicho tigre o le ayudaron a morir, porque en la verdad estos animales no son para entre gentes, según son feroces y de su propia natura indomables.

(100)   Abila, no Avila.
(101)   Cádiz.

Capítulo XII

Del beori (102)

Los cristianos que en Tierra-Firme andan llaman danta a un animal que los indios le nombran beori, a causa que los cueros de estos animales son muy gruesos, pero no son dantas. E así han dado este nombre de danta al beori tan impropiamente como al ochi el de tigre. Estos animales beories son del tamaño de una mula mediana, y el pelo es pardo, muy oscuro y más espeso que el del búfalo, y no tienen cuernos, aunque algunos los llaman vacas. Son muy buena carne, aunque es algo más mollicia que la de la vaca de España; los pies de este animal son muy buen manjar y muy sabrosos, salvo que es menester que cuezan veinte y cuatro horas; pero pasadas éstas, es manjar para le dar a cualquiera que huelgue de comer una cosa de muy buen sabor y digestión; matan estos beoris con perros, y después que están asidos ha de socorrer el montero con mucha diligencia a alancear este animal antes que se entre en el agua, si por allí cerca la hay, porque después que se entra en el agua, se aprovecha de los perros y los mata a grandes bocados, y acaece llevar un brazo con media espalda cercen de un bocado a un lebrel, y a otro quitarle un palmo o dos del pellejo, así como si lo desollasen; y yo he visto lo uno y lo otro, lo cual no hacen tan a su salvo fuera del agua. Hasta ahora los cueros de estos animales no los saben adobar, ni se aprovechan de ellos los cristianos, porque no los saben tratar; pero son tan gruesos o más que los del búfalo (103).

Capítulo XIII

Del gato cerval

El gato cerval es muy fiero animal y es de la manera y la hechura y color que los gatos pardillos pequeños mansos

(102)   Tapir, mamífero paquidermo perisodáctilo, propio de América del Sur, donde hay dos variedades.

(103)   Los búfalos ya eran conocidos en España. El Rey Católico los tuvo (bufols en valenciano) en su pequeño zoológico del Real de Valencia.

que tenemos en casa; pero es tan grande o mayor que los tigres de que de suso se ha hecho mención, y es el más feroz animal que hay en aquellas partes, y de que los cristianos más temen, y muy más ligero que todos los que por allá hay ni se han visto.

Capítulo XIV

Leones reales

En Tierra-Firme hay leones reales, ni más ni menos que los de Africa; pero son algo menores y no tan denodados, antes son cobardes y huyen; mas aquesto es común a los leones, que no hacen mal si no los persiguen o acometen.

Capítulo XV

Leones pardos

Hay asimismo leones pardos en Tierra-Firme, y son de la forma y manera misma que en estas partes se han visto, o o los hay en Africa, y son veloces y fieros; pero ni estos ni los leones reales, hasta ahora, no han hecho mal a cristianos, ni comen los indios, como los tigres.

Capítulo XVI

Raposas

Hay raposas, las cuales son ni más ni menos que las de España en la facción, pero no en la color, porque son tanto o más negros que un terciopelo muy negro; son muy ligeras y algo menores que las de acá.

Capítulo XVII

Ciervos

Ciervos (104) hay muchos en Tierra-Firme ni más ni menos que los hay en España, en color y grandeza y lo demás;

(104)   Venados.

pero no son tan ligeros, lo cual yo puedo muy bien testificar, porque los he corrido y muerto con los perros en aquellas partes algunas veces, y también los he muerto con la ballesta.

Capítulo XVIII

Gamos

Gamos hay asimismo, y muchos, en especial en la provincia de Santa Marta, y son de la forma y tamaño que los de España; y en el sabor, así los gamos como los ciervos, son tan buenos o mejores que los de España.

Capítulo XIX

Puercos

Puercos monteses se han hecho muchos en las islas que están pobladas de cristianos, así como en Santo Domingo, y Cuba, y San Juan, y Jamaica, de los que de España se llevaron; pero aunque de los puercos que se han llevado a Tierra-Firme se hayan ido algunos al monte, no viven, porque los animales así como tigres y gatos cervales y leones se los comen luego; pero de los naturales puercos de la Tierra-Firme hay muchos salvajes, de los cuales muchas veces se ven grandes piaras o cantidad junta, y como andan en manadas juntos, no osan acometerlos los otros animales, puesto que no tienen colmillos como los de España pero muerden muy reciamente, y matan los perros a bocados. Estos puercos son algo menores que los nuestros, y más peludos o cubiertos de lana, y tienen el ombligo en medio del espinazo, y de las pezuñas de los pies traseros no tienen dos, sino una en cada pie; en todo lo demás son como los nuestros. Mátanlos con cepos los indios, y con varas tiradas, y llaman al puerco chuche. Cuando los cristianos topan una manada de ellos, procuran subirse a un árbol, aunque no sea más alto que tres o cuatro palmos, y desde allí, como pasan siempre, con un lanzón hieren dos o tres, o más, o los que pueden, y socorriendo los perros, quedan algunos de ellos de esta manera; pero son muy peligrosos cuando así se hallan en compañía, si no hay lugar desde donde el montero pueda herirlos, como es dicho. Algunas veces se hallan, cuando las puercas se apartan a parir, y se toman algunos lechones de ellos; tienen muy buen sabor, y hay gran muchedumbre de ellos.

Capítulo XX

Oso hormiguero

El oso hormiguero es casi a manera de oso en el pelo, y no tiene cola; es menor que los osos de España, y casi de aquella facción (105), excepto que el hocico tiene muy más largo, y es de muy poca vista. Tómanlos muchas veces a palos, y no son nocivos, y fácilmente los toman con los perros, y conviene que con diligencia los socorran antes que los perros los maten, porque no se saben defender, aunque muerden algo. E hállanse lo más continuamente cerca de los hormigueros de torronteros, que hacen cierta generación de hormigas muy menudas y negras en las campañas y vegas rasas que no hay árboles, donde por instinto natural ellas se apartan a criar fuera de los bosques, por recelo de este animal; el cual, como es cobarde y desarmado, siempre anda entre arboledas y espesuras, hasta que la hambre y necesidad, o el deseo de apacentarse de estas hormigas, le hace salir a los rasos a buscarlas. Estas hormigas (106) hacen un torrontero (107) tan alto como un hombre y poco más, y algunas veces menos, y grueso como una acra cortesana, y a veces como una pipa, y durísimo como piedra, y parecen estos tales torronteros cotos o mojones de términos; y debajo de aquella tierra durísima de que están fabricados hay innumerables o casi infinitas hormigas muy chiquititas, que se pueden coger a celemines quebrando el dicho torrontero; el cual, de haberse mojado con la lluvia, y tras el agua sobrevenir la calor del sol, algunas veces se resquiebra, y se hacen en él algunas hendeduras, pero muy

(105)   Tamaño.
(106)   Termites.
(107)   Montículo artificial.

delgadísimas, y en tanta delgadez, que un filo de un cuchillo no puede ser más delgado; y parece que la natura les da entendimiento o saber para hallar tal materia de barro estas hormigas, que pueden hacer aquel torrontero que es dicho tan durísimo, que no parece sino una muy fuerte argamasa; lo cual yo he experimentado y los he hecho romper; y no pudiera creer sin verlo la dureza que tienen, porque con picos y barretas de hierro son muy dificultosos de deshacer, y por entender mejor este secreto, en mi presencia lo he hecho derribar; lo cual, como es dicho, hacen las dichas hormigas para se guardar de aqueste su adversario o oso hormiguero, que es el que principalmente se debe cebar y sustentar de ellas, o les es dado por su émulo, a tal que se cumpla aquel común proverbio que dice que no hay criatura tan libre a quien falte su alguacil. Este que la natura le dió a tan pequeño animal, tiene esta forma de usar su oficio en las escondidas hormigas, ejecutando su muerte, que se va al hormiguero que es dicho, y por una hendedura o resquebrajo tan sutil como un filo de espada, comienza a poner la lengua, y lamiendo, humedece aquella hendedura por delgada que sea; y son de tal propiedad sus babas, y tan continua su perseverancia en el lamer, que poco a poco hace lugar, y ensancha de manera aquella hendedura, que muy descansada o anchamente y a su voluntad mete y saca la dicha lengua en el hormiguero, la cual tiene longuísima y desproporcinada según el cuerpo, y muy delgada; y después que la entrada y salida tiene a su propósito, mete la lengua todo lo que puede por aquel agujero que ha hecho, estáse así quedo grande espacio; y como las hormigas son muchas y amigas de la humedad, cárganse sobre la lengua grandísima cantidad de ellas, y tantas, que se podrían coger a almuerzas o puños (108); y cuando le parece que tiene hartas, saca presto la lengua, resolviéndola en la boca, y cómeselas, y torna por más. E de esta forma come todas las que él quiere y se le ponen sobre la lengua. La carne de este animal es sucia y de mal sabor; pero como las desventruas y necesidades de los cristianos en aquellas partes, en los principios fueron muchas y muy extremadas, no se ha dejado de probar a comer; pero hase aborrecido tan presto como se probó por algunos cristianos. Estos hormigueros

(108) Puñados.

tienen por debajo a par del suelo la entrada a ellos, y tan pequeña, que con dificultad mucha se hallaría si no fuese viendo entrar y salir algunas hormigas; pero por allí no las podría dañar el oso, ni es tan a su propósito ofenderlas como por lo alto en aquellas hendeduricas, según que está dicho.

Capítulo XXI

Conejos y liebres

Hay en Tierra-Firme conejos y liebres, y llámanlos así porque el lomo le tienen, en cuanto a la color, así como de liebres, y lo de demás es blanco, así como el vientre y las ijadas; y los brazos y piernas son algo pardicos; pero en la verdad, a lo que yo pude comprender, más conformidad tienen con liebres que no con conejos, y son menores que los conejos de España. Tómanse las más veces cuando se queman los montes, y algunas veces con lazos por mano de los indios.

Capítulo XXII

Encubertados

Los encubertados (109) son animales mucho de ver, y muy extraños a la vista de los cristianos, y muy diferentes de todos los que se han dicho o visto en España ni en otras partes. Estos animales son de cuatro pies, y la cola y todo él es de tez, la piel como cobertura o pellejo de lagarto, pero es entre blanco y pardo, tirando más a la color blanca, y es de la facción y hechura ni más ni menos que un caballo encubertado (110), con sus costaneras y coplón, y en todo y por todo, y por debajo de lo que muestran las costaneras y cubiertas, sale la cola, y los brazos en su lugar, y el cuello y las orejas por su parte. Finalmente, es de la misma manera que un corsier con bardas; e es del tamaño de un perrillo o gozque de estos comunes, y no hace mal, y es cobarde, y,

(109)   Armadillos.
(110)   Con armadura para el combate.

hacen su habitación en torronteras, y cavando con las manos ahondan sus cuevas y madrigueras de la forma que los conejos las suelen hacer. Son excelente manjar, y tómanlos con redes, y algunos matan ballesteros, y las más veces se toman cuando se queman los campos para sembrar o por renovar los herbajes para las vacas y ganados; yo los he comido algunas veces, y son mejores que cabritos en el sabor, y es manjar sano. No podría dejar de sospecharse si aqueste animal se hubiera visto donde los primeros caballos encubertados hubieron origen, sino que de la vista de estos animales se había aprendido la forma de las cubiertas para los caballos de armas (111).

Capítulo XXIIII

Perico ligero

Perico ligero (112) es un animal el más torpe que se puede ver en el mundo, y tan pesadísimo y tan espacioso en su movimiento, que para andar el espacio que tomarán cincuenta pasos, ha menester un día entero. Los primeros cristianos (113) que este animal vieron, acordándose que en España suelen llamar al negro Juan Blanco porque se entiende al revés, así como toparon este animal le pusieron el nombre al revés de su ser, pues siendo espaciosísimo, le llamaron ligero. Este es un animal de los extraños, y que es mucho de ver en Tierra-Firme, por la desconformidad que tiene con todos los otros animales. Será tan luengo como dos palmos cuando ha crecido todo lo que ha de crecer, y muy poco más de esta mesura scrá si algo fuere mayor; menores muchos se hallan, porque serán nuevos (114); tienen de ancho poco menos que de luengo, y tienen cuatro pies, y delgados, y en cada mano y pie cuatro uñas largas como de ave, y juntas; pero ni las uñas ni manos no son de manera que se pueda sostener sobre ellas, y de esta causa, y por la delgadez de los brazos y piernas y pesadumbre del cuerpo,

(111)   Ver nota 110.
(112)   Es el *perezoso*. Obsérvese la ironía graciosa de darle un nombre diametralmente opuesto a su manera de ser.
(113)   Quizá por un resabio medieval, de la guerra entre moros y cristianos, a comienzos del siglo XVI los escritores llaman así a los españoles.
(114)   Nuevo significa, como vamos viendo, joven o de poca edad.

trae la barriga casi arrastrando por tierra; el cuello de él es alto y derecho, y todo igual como una mano de almirez, que sea de una igualdad hasta el cabo, sin hacer en la cabeza proporción o diferencia alguna fuera del pescuezo; y al cabo de aquel cuello tiene una cara casi redonda, semejante mucho a la de la lechuza, y el pelo propio hace un perfil de sí mismo como rostro en circuito, poco más prolongado que ancho, y los ojos son pequeños y redondos y la nariz como de un monico, y la boca muy chiquita, y mueve aquel su pescuezo a una parte y a otra, como atontado, y su intención o lo que parece que más procura y apetece es asirse de árbol o de cosa por donde se pueda subir en alto; y así, las más veces que los hallan a estos animales, los toman en los árboles, por los cuales, trepando muy espaciosamente, se andan colgando y asiendo con aquellas luengas uñas. El pelo de él es entre pardo y blanco, casi de la propia color y pelo del tejón, y no tiene cola. Su voz es muy diferente de todas las de todos los animales del mundo, porque de noche solamente suena, y toda ella en continuado canto, de rato en rato, cantando seis puntos, uno más alto que otro, siempre bajando, así que el más alto punto es el primero, y de aquél baja disminuyendo la voz, o menos sonando, como quien dijese, *la, sol, fa, mi, re, ut;* así este animal dice, *ah, ah, ah, ah, ah, ah.* Sin duda me parece que así como dije en el capítulo de los encubertados, que semejantes animales pudieran ser el origen o aviso para hacer las cubiertas a los caballos, así oyendo a aqueste animal el primero inventor de la música pudiera mejor fundarse para le dar principio, que por causa del mundo; porque el dicho perico ligero nos enseña por sus puntos lo mismo que por *la, sol, fa, mi, re, ut* se puede entender.

Tornando a la historia, digo que después que este animal ha cantado, desde a muy poco de intervalo o espacio torna a cantar lo mismo. Esto hace de noche, y jamás se oye cantar de día; y así por esto como porque es de poca vista, me parece que es animal nocturno y amigo de oscuridad y tinieblas. Algunas veces que los cristianos toman este animal y lo traen a casa, se anda por ahí de su espacio, y por amenaza o golpe o aguijón no se mueve con más presteza de lo que sin fatigarle él acostumbra moverse; y si topa árbol, luego se va a él y se sube a la cumbre más alta de las ramas, y se está en el árbol ocho y diez y veinte días, y no se puede saber ni entender lo que come; yo le he tenido en mi casa, y lo que supe comprender de este animal, es que se debe mantener del aire; y de esta opinión mía hallé muchos en aquella tierra, porque nunca se le vido comer cosa alguna, sino volver continuamente la cabeza o boca hacia la parte que el viento viene, más a menudo que a otra parte alguna, por donde se conoce que el aire le es muy grato. No muerde, ni puede, según tiene pequeñísima la boca, ni es ponzoñoso, ni he visto hasta ahora animal tan feo ni que parezca ser más inútil que aqueste.

Capítulo XXIV

Zorrillos

Hay unos animales pequeños como chiquitos gozques pardos, y el hocico y los medios brazos y piernas negros, y casi del talle y manera de zorrillos de España, y no son menos maliciosos, y muerden mucho; pero también los hay domésticos, y son muy burlones y traviesos, casi como los monicos, y su principal manjar, y de que con mejor voluntad comen, son cangrejos, de los cuales se cree que principalmente se deben sostener estos animales; yo he tenido uno de ellos, que una carabela mía me trujo de la costa de Cartagena, que lo dieron los indios flecheros a trueco (115) de dos anzuelos para pescar, y lo tuve mucho tiempo atado a una cadenilla, y son animales muy placenteros, y no tan sucios como los gatos monillos.

Capítulo XXV

De los gatos monillos (116)

En aquella tierra hay gatos de tantas maneras y diferencias, que no se podría decir en poca escritura, narrando sus diferentes formas y sus innumerables travesuras, y porque cada día se traen a España, no me ocuparé en decir de ellos sino pocas cosas. Algunos de estos gatos son tan astutos,

(115)   Trueque o cambio de unas cosas por otras.
(116)   Micos. En América no hay grandes simios.

que muchas cosas de las que ven hacer a los hombre, las imitan y hacen. En especial hay muchos que así como ven partir una almendra o piñón con una piedra, lo hacen de la misma manera, y parten todos los que les dan, poniéndole una piedra donde el gato la pueda tomar. Asimismo tiran una piedra pequeña, del tamaño y peso que su fuerza basta, como la tiraría un hombre. Demás de esto, cuando los cristianos van por la tierra adentro, a entrar o hacer guerra a alguna provincia, y pasan por algún bosque donde haya de unos gatos grandes y negros que hay en Tierra-Firme, no hacen sino romper troncos y ramas de los árboles, y arrojar sobre los cristianos, por los descalabrar, y les conviene cubrirse bien con las rodelas, y ir muy sobre aviso, para que no reciban daño, y les hieran algunos compañeros. Acaece tirarles piedras, y quedarse ellas allá en lo alto de los árboles, y tornarlas los gatos a lanzar contra los cristianos; y de esta manera un gato arrojó una que le había sido tirada, y dió una pedrada a un Francisco de Villacastur, criado del gobernador Pedrarias de Avila, que le derribó cuatro o cinco dientes de la boca; al cual yo conozco, y le vi antes de la pedrada que le dió el gato, con ellos, y después muchas veces le vi sin dientes, porque los perdió, según es dicho. E cuando algunas saetas les tiran, o hieren a algún gato, ellos se las sacan, y algunas veces las tornan a echar abajo, y otras veces, así como se las sacan, las ponen ellos mismos de su mano allá en lo alto de las ramas de los árboles, de manera que no puedan caer abajo para que los tornen a herir con ellas, y otros las quiebran y hacen muchos pedazos. Finalmente, hay tanto que decir de sus travesuras y diferentes maneras de estos gatos, que sin verlo es dificultoso de creer. Haylos tan pequeñitos como la mano de un hombre, y menores; otros tan grandes como un mediano mastín. E entre estos dos extremos los hay de muchas maneras y de diversas colores y figuras, y muy variables, y apartados los unos de los otros.

Capítulo XXVI

Perros

En Tierra-Firme, en poder de los indios caribes flecheros, hay unos perrillos pequeños, gozques, que tienen en casa, de todas las colores de pelo que en España los hay; algunos bedijudos (117) y algunos rasos (118), y son mudos, porque nunca jamás ladran ni gañen, ni aullan, ni hacen señal de gritar o gemir aunque los maten a golpes, y tienen mucho aire de lobillos, pero no lo son, sino perros natuales. E yo los he visto matar, y no quejarse ni gemir, y los he visto en el Darien, traídos de la costa de Cartagena, de tierra de caribes, por rescates, dando algún anzuelo en trueco de ellos, y jamás ladran ni hacen cosa alguna, más que comer y beber, y son harto más esquivos que los nuestros, excepto con los de la casa donde están, que muestran amor a los que les dan de comer, en el halagar de la cola y saltar regocijados, mostrando querer complacer a quien les da de comer y tienen por señor.

Capítulo XXVII

De la churcha

La churcha (119) es un animal pequeño, del tamaño de un pequeño conejo, y de color leonado y el pelo muy delgado, el hocico muy agudo, y los colmillos y dientes asimismo, y la cola luenga, de la manera que la tiene el ratón, y las orejas a él muy semejantes. Aquestas churchas en Tierra-Firme (como en Castilla las garduñas) se vienen de noche a las casas y a comerse las gallinas, o a lo menos a degollarlas y chuparse la sangre; y por tanto son más dañosas, porque si matasen una, y de aquella se hartasen, menos daño harían; pero acaece degollar quince, y veinte, y muchas más, si no son socorridas. Pero la novedad y admiración que se puede notar de aqueste animal es, que si al tiempo que anda en estos pasos de matar las gallinas cría sus hijos, los trae consigo metidos en el seno de aquesta manera: por medio de la barriga, al luengo, abre un seno, que hace de su misma piel, de la manera que se haría juntando las dobleces de una capa, haciendo una bolsa, y aquella hendidura en que el un pliegue junta con el otro, aprieta tanto, que

(117) Peludos, con bedijas.
(118) Sin pelos.
(119) Zarigüeya, un marsupial, como se ve por la descripción que hace Fernández de Oviedo.

ninguno de los hijos se le cae aunque corra; y cuando quiere, abre aquella bolsa y suelta los hijos, y andan por el suelo, ayudando a la madre a chupar la sangre de las gallinas que mata; y como siente que es sentida, y alguno socorre y va con lumbre a ver de qué causa las gallinas se escandalizan, luego incontinenti la dicha churcha mete en aquella bosa o seno los hijos, y se va si halla lugar por donde irse, y si le toman el paso, súbese a lo alto de la casa o gallinero a se esconder; y como muchas veces la toman viva, y algunas la matan, hase visto muy bien lo que es dicho, y hállanle los hijos metidos en aquella bolsa, dentro de la cual tiene las tetas y pueden los hijos estar mamando. Yo he visto algunas de estas churchas y todo lo que es dicho, y aun me han muerto las gallinas en mi casa de la manera susodicha. Es animal esta churcha que huele mal, y el pelo y la cola y las orejas tiene como ratón, pero es mayor mucho.

Pues se ha dicho de algunos animales particularmente, quiero asimismo traer a la memoria de vuestra majestad lo que se me acuerda de algunas aves que he visto y hay en aquellas partes; las cuales son muchas y de muchas maneras, y primeramente de aquellas que tienen semejanza a las de estas partes o son como ellas, y después se proseguirá en particular lo que me ocurriere de las otras que son diferentes a aquellas de que acá tienen noticia o se conocen.

Capítulo XXVIII

Aves conocidas y semejantes a las que hay en España

Hay en las Indias águilas reales y de las negras, y aguilillas y de las rubias; hay gavilanes y alcotanes, y halcones neblíes o peregrinos, salvo que son más negros que los de acá. Hay unos milanos que andan a comer los pollos, y tienen el plumaje y similitud de alfaneques. Hay otras aves mayores que grandes girifaltes (120), y de muy grandes presas, y los ojos colorados en mucha manera, y la pluma muy hermosa y pintada a la manera de los azores mudados muy

(120)   Ave de presa, usada en España desde el siglo XIV. Palabra tomada del francés *girfait,* a su vez del germánico (escandinavo antiguo) *Geierfalk,* literalmente cuervo-halcón.

lindos, y andan pareados de dos en dos. Yo derribé uno una vez de un árbol muy alto, de una saetada que le dí en los pechos, y caído abajo, era casi como una águila real, y estaba tan armado, que era cosa mucho de ver sus presas y pico, y aun vivió todo aquel día. Yo no le supe dar el nombre, ni alguno de cuantos españoles lo vieron; pero a quien esta ave más parece, es a los azores muy grandes, y ésta es muy mayor que ellos; y así, los cristianos los llaman allá azores. Hay palomas torcaces, y zoritas, y golondrinas, y codornices, y aviones (121), y garzas reales, y garzotas, y flamencos, salvo que lo colorado de los pechos es más vivo y de más lindo plumaje. Hay cuervos marinos, hay ánades, y lavancos (122) reales, y ánsares bravas, salvo que son negras, según se dijo atrás. Todas estas aves son de paso, y no se ven en todos tiempos, sino a cierto tiempo. Hay asimismo lechuzas y gaviotas.

Capítulo XXIX

De otras aves diferentes de las que es dicho

Papagayos hay muchos, y de tantas maneras y diversidades, que sería muy larga cosa decirlo, y cosa más apropiada al pincel para darlo a entender, que no a la lengua; pero porque de todas las maneras que los hay, los traen a España, no hay para qué se pierda tiempo hablando en ellos. Pocos días antes que el Católico rey don Fernando pasase de esta vida, le truje yo a Plaçencia seis indios caribes de los flecheros que comen carne humana, y seis indias mozas, y muy bien dispuestos ellos y ellas, y truje la muestra del azúcar que se comenzaba a hacer en aquella sazón en la isla Española, y ciertos cañutos de cañafístola, de la primera que en aquellas partes por la industria de los cristianos se comenzó a hacer; y truje asimismo a su alteza treinta papagayos, o más, en que había diez o doce diferencias entre ellos, y los más de ellos hablaban muy bien. Estos papagayos, aunque acá parecen torpes, son todos muy grandes voladores, y siempre andan de dos en dos pareados, macho y hembra, y

(121)   Vencejos, derivado de *gavión,* a su vez de *gaviota.*
(122)   Pato real.

son muy dañosos para el pan y las cosas que se siembran para mantenimiento de los indios.

Capítulo XXX

Rabihorcados

Hay unas aves grandes, y vuelan mucho, y lo más continuamente andan muy altos, y son negros y casi de rapiña, y tienen muy largos y delgados vuelos, y los codos de las alas muy agudos, y la cola abierta como la del milano, y por esto le llaman rabihorcado; son mayores que los milanos, y tienen tanta seguridad en sus vuelos, que muchas veces las naos que van a aquellas partes, los ven veinte, y treinta leguas, y más, dentro en la mar, volando muy altos.

Capítulo XXXI

Rabo de junco

Unas aves hay blancas y muy grandes voladoras, y son mayores que palomas torcaces, y tienen la cola luenga y muy delgada; por lo cual se le dió el nombre que es dicho de rabo de juco, y vese muchas veces muy adentro en la mar, pero ave es de tierra.

Capítulo XXXII

Pájaros bobos

Hay unas aves que llaman pájaros bobos, y son menores que gavinas (123), y tienen los pies como los anadones, y pósanse en el agua alguna vez, y cuando las naves van a la vela cerca de las islas, a cincuenta o cien leguas de ellas, y estas aves ven los navíos, se vienen a ellos, y cansados de volar, se sientan en las entenas y árboles o gavias de la nao, y son tan bobos y esperan tanto, que fácilmente los toman

(123)   Gaviotas.

a manos, y de esta causa los navegantes los llaman pájaros bobos: son negros, y sobre negro, tienen la cabeza y espaldas de un plumaje pardo oscuro, y no son buenos de comer, y tienen mucho bulto en la pluma, a respecto de la poca carne; pero también los marineros se los comen algunas veces.

Capítulo XXXIII

Patines (124)

Otros pájaros hay menores que tordos, y son muy negros, y creo que es una de las aves del mundo que más velocidad traen en su volar, y andan a raíz del agua, por altas o bajas que anden las ondas de la mar, y tan diestros en el subir o bajar el vuelo en la orden que la mar anda, y pegado al agua, que no se podría creer sin verse. Estos se asientan cuando quieren en el agua, y casi la mayor parte de todo el camino de las Inidas los vemos en el grande mar Océano, y tienen los pies como los patos o ánades.

Capítulo XXXIV

Pájaros nocturnos

En Tierra-Firme hay unas aves que los cristianos llaman pájaros nocturnos, que salen al tiempo que el sol se pone, cuando salen los murciélagos, y es grande la enemistad de estas aves con los dichos murciélagos, y luego andan volándolos y persiguiendo a los dichos murciélagos, golpéandolos; lo cual no se puede ver sin mucho placer de quien los mira. Hay de estas aves muchas en el Darien, y son algo mayores que vencejos, y tienen aquella manera de alas, y tanto o más ligereza en el volar; y por medio de cada ala, al través, tienen una banda de plumas blancas, y todo lo demás de su plumaje es pardo casi negro; las cuales aves toda la noche no paran, y cuando esclarece el día se tornan a esconder, y no parecen hasta que es puesto el sol, que tornan a

(124) Petreles.

su acostumbrada pelea, contrastando con los dichos murciélagos.

Capítulo XXXV

Murciélagos

Pues en el capítulo de suso escrito se dijo de la contención de los pájaros nocturnos y murciélagos, quiero concluir con los dichos murciélagos. E digo que en Tierra-Firme hay muchos de ellos, que fueron muy peligrosos a los cristianos a los principios que aquella tierra pasaron con el adelantado Vasco Núñez de Balboa y con el bachiller Enciso, cuando se ganó el Darien; porque, por no saberse entonces el fácil y seguro remedio que hay contra la mordedura del murciélago, algunos cristianos murieron entonces, y otros estuvieron en peligro de morir, hasta que de los indios se supo la manera de cómo se había de curar el que fuese picado de ellos (125). Estos murciélagos son ni más ni menos que los de acá, y acostumbran picar de noche, y comúnmente por la mayor parte pican del pico de la nariz, o de las yemas de las cabezas de los dedos de las manos o de los pies, y sacan tanta sangre de la mordedura, que es cosa para no se poder creer sin verlo. Tienen otra propiedad, y es, que si entre cien personas pican a un hombre una noche, después la siguiente o otra no pica el murciélago sino al mismo que ya hubo picado, aunque esté entre muchos hombres. El remedio de esta mordedura es tomar un poco de rescoldo de la brasa, y cuanto se pueda sufrir, y ponerlo en el bocado (126). Hay asimismo otro remedio, y es tomar agua caliente, y cuanto se pueda sufrir la calor de ella, lavar la mordedura, y luego cesa la sangre y el peligro, y se cura muy presto la llaga de la picadura, la cual es pequeña, y saca el murciélago un bocadico redondo de la carne. A mí me han mordido, y me he curado con el agua de

(125)   Son vampiros. Su mordedura abre una herida que no se cierra, porque su saliva es anticoagulante, por lo cual, como dice Fernández de Oviedo, un hombre puede desangrarse. Por ello el remedio es la cauterización.
(126)   Se aplicaba en el mordisco, por la razón dicha en la nota anterior.

la manera que he dicho. Otros murciélagos hay en la isla de San Juan, que los comen, y están muy gordos, y en agua muy caliente se desuellan fácilmente, y quedan de la manera de los pajaritos de cañuela, y muy blancos y muy gordos y de buen sabor, según dicen los indios, y aun algunos cristianos, que los comen también, en especial aquellos que son amigos de probar lo que ven hacer a otros.

Capítulo XXXVI

Pavos

Hay unos pavos rubios y otros negros, y las colas tiénenlas de la hechura de las pavas de España; pero en el plumaje y en el color, los unos son todos rubios, y la barriga con un poco de pecho blanco, y los otros todos negros, y así la barriga y parte del pecho blancos; y los unos y los otros tienen sobre la cabeza una hermosa cresta o penacho, de plumas bermejas el que es bermejo, y negras el que es negro, y son de mejor comer que los de España. Estos pavos son salvajes, y algunos hay domésticos en las casas, que los toman pequeños. Los ballesteros matan muchos de ellos, porque los hay en mucha cantidad. Dicen algunos que el pavo es bermejo y la pava negra; otros son de parecer contrario, y dicen que el pavo es negro y la pava rubia; otros dicen que son de dos géneros, y que hay macho y hembra de ambas colores y de cualquiera de ellas. Si el ballestero no le da en la cabeza o en parte que caiga muerto el dicho pavo, aunque le den en una ala o otra parte, se va por tierra a peon y corre mucho; y como es muy espesa de árboles, conviene que el ballestero tenga buen perro y presto, para que el cazador no pierda su trabajo y la caza. Vale un pavo de estos un ducado, y a veces un castellano o peso de oro, que es tanto como en España un real para lo gastar. Otros pavos mayores y mejores de sabor y más hermosos se han hallado en la Nueva España, de los cuales han pasado muchos a las islas y a Castilla del Oro, y se crían domésticamente en poder de los cristianos; de aquestos las hembras son feas y los machos hermosos, y muy a menudo hacen la rueda, aunque no tienen tan gran cola ni tan hermosa como los de España; pero en todo lo al (127) de su plumaje son muy hermosos. Tienen el cuello y cabeza cubierto de una carnosidad sin pluma, la cual a menudo mudan de diversas colores, cuando se les antoja, en especial cuando hacen la rueda la tornan muy bermeja, y cuando la dejan de hacer la vuelven como amarilla y de otras colores, y como denegrido; hacia color parda y blanca, algunas veces; y en la frente sobre el pico tiene el pavo un pezón corto, el cual cuando hace la rueda le alarga o le crece más de un palmo; y de la mitad de los pechos le nace y tiene una vedija de cerdas ni más ni menos que las de la cola de un caballo, muy negras, y luengas más de un palmo.

Capítulo XXXVII

Alcatraz

Unas aves hay en aquellas partes que llaman alcatraces (128), y son muy mayores que ansarones, y la mayor parte del plumaje es pardo y algo en parte abutardado, y el pico es de dos palmos, poco más o menos, muy ancho cerca de la cabeza, y vase disminuyendo hasta la punta, y tiene un muy grueso y grande papo, y son casi de la hechura de una ave que yo vi en Flandes, en la villa de Bruselas, en el palacio de vuestra majestad, que la llamaban hayna. Acuérdome que estando un día comiendo vuestra majestad en la gran sala, le vi traer allí en su real presencia una caldera de agua con ciertos pescados vivos, y los comió así enteros; la cual ave yo tengo que debía de ser marítima, y tales tenía los pies como las aves de agua o los ansarones suelen tenerlos, y así los tienen los alcatraces, los cuales asimismo son aves marítimas, y tamañas, que yo vi meterle a un alcatraz un sayo entero de un hombre en el papo, en Panamá el año de 1521 años. Y porque en aquella playa y costa de Panamá pasa cierta volatería de estos alcatraces, que es cosa de notar y mucho de ver, quiero aquí decirla, pues que sin mí, al presente en esta corte de vuestra majestad hay personas que lo han visto muchas veces, y es ésta: sabrá vuestra majestad que allí, como atrás se dijo, crece y mengua aquella mar del

(127) Lo demás.
(128) Pelícanos.

114

Sur dos leguas y más, de seis en seis horas, y cuando crece, llega el agua de la mar tan junto de las casas de Panamá, como en Barcelona o en Nápoles lo hace el mar Mediterráneo. E cuando viene la dicha creciente, viene con ella tanta sardina, que es cosa maravillosa y para no se poder creer la abundancia de ella sin lo ver; y el cacique de aquella tierra, en el tiempo que yo en ella estuve, cada día era obligado, y le estaba mandado por el gobernador de vuestra majestad que trujese ordinariamente tres canoas o barcas llenas de la dicha sardina, y las vaciase en la plaza, y así se hacía continuamente, y un regidor de aquella ciudad la repartía entre todos los cristianos, sin que les costase cosa alguna, y si mucha más gente hubiera, aunque fuera cuanta al presente hay en Toledo ó más, que de otra cosa no se hubiera de mantener, se pudiera asimismo matar cada día toda la sardina que fuera menester, y que sobrara mucha más, y cuanta quisieran.

Tornando a los alcatraces, así como viene la marea, y sardina con ella, ellos también vienen con la marea, volando sobre ella, y tanta multitud de ellos, que parece que cubren el aire, y continuamente no hacen sino caer de alto en el agua, y tornar a caer, y se tornan a levantar de la misma manera, sin cesar; y así, cuando la mar se retrae, se van en su seguimiento los alcatraces, continuando su pesquería, como es dicho. Juntamente andan con estas aves otras que se llaman rabihorcados, de que atrás se hizo mención; y así como el alcatraz se levanta con la presa que hace de las sardinas, el dicho rabihorcado le da tantos golpes, y lo persigue hasta que le hace lanzar las sardinas que ha tragado; y así como las echa, antes que ellas toquen o lleguen al agua, los rabihorcados las toman, y de esta manera es una gran deletación verlo todos los días del mundo. Hay tantos de los dichos alcatraces, que los cristianos envían a ciertas islas y escollos que están cerca de la dicha Panamá, en barcas y canoas, por los alcatraces, cuando son nuevos que aun no pueden volar, y a palos matan cuantos quieren, hasta cargar las canoas o barcas de ellos; y están gordos y bien mantenidos, que de los gruesos no se pueden comer, ni los quieren sino para hacer de la grosura de ellos óleo para quemar de noche en los candiles, el cual es muy bueno para esto, y de dulce lumbre y que muy de grado arde. En esta manera y para este efecto se matan tantos, que no tienen número, y siempre parece que son muchos más los que andan en la pesquería de las sardinas, como es dicho.

Capítulo XXXVIII

Cuervos marinos

Atrás se dijo que hay cuervos marinos, de la misma manera que los hay acá. No torné aquí a hablar en ellos sino para decir la muchedumbre de ellos que hay en la mar del Sur, en aquella costa de Panamá, donde puede vuestra majestad creer que algunas veces vienen tantos juntos en demanda de aquestas sardinas que dije en el capítulo antes de éste, que, asentados en el agua, cubren gran parte de la mar, que están las manchas de ellos tamañas, casi como esta vega, que está al pie de esta ciudad de Toledo; y estos escuadrones o multitudes de estos cuervos, en muchas partes y muy a menudo, cada día se ven en la dicha costa del Sur, allí donde he dicho, y no parece todo aquello que toman y ocupan del agua, sino un terciopelo o paño muy negro, sin intervalo, según están juntos estos cuervos, los unos a par de los otros, y así como los alcatraces, se van y vienen con las mareas secutando (129) la pesquería de estas sardinas; las cuales a algunos saben bien, y a mí no, porque son tan dulces, que a tres veces que comí de ellas las aborrecí, y nunca pescado de cuantos allá ni acá he visto, yo comería de tan mala voluntad; pero otros hombres se hallan bien con ellas.

Capítulo XXXIX

Gallinas olorosas (130)

De las gallinas de España hay muchas y auméntanse mucho, porque no dejan de sacar cuantos huevos pueden cubrir con las alas; las cuales han procedido de las que de acá en los principios se llevaron; pero sin éstas, hay unas galli-

(129) Ejecutando.
(130) Zopilote, gallinazo o *aura,* que es voz de origen indígena.

nas bravas, que son tan grandes como pavos, y son negras, y la cabeza y parte del pescuezo algo pardo, o tan negro como lo demás de ellas, y aquello pardo o menos negro no es pluma, sino el cuero. Son de muy mala carne y peor sabor, y muy golosas, y comen muchas suciedades y indios y animales muertos; pero huelen como almizcle y muy bien en tanto que están vivas, y como las matan pierden olor, y a ninguna cosa son buenas, salvo sus plumas para emplumar saetas y virotes; y sufren muy gran golpe, y ha de ser muy recie la ballesta que la mate, si no le dan en la cabeza o le quiebran alguna de las alas, y son muy importunas, y amigas de estar en el pueblo y cerca de él, por comer las inmundicias.

Capítulo XL

Perdices

Perdices hay en Tierra-Firme muy buenas, y de tan buen sabor como las de España, y son tan grandes como las gallinas de Castilla, y tienen unas tetillas sobre otras. Así que tienen dos pares de ellas, y tanta carne, que ha de ser muy comedor el que a una comida o pasto de una vez la acabare. La pluma es parda, así en el pecho como en las alas y cuello, y todo lo demás de aquella misma color y plumaje que las perdices de acá tienen los hombros, y ninguna pluma tienen de otra color. Los huevos que estas perdices ponen son casi tan grandes como los grandes de estas gallinas comunes de España, y son casi redondos, y no prolongados tanto como los de las gallinas, y son azules, de la color de una finísima turquesa. Toman estas perdices los indios con reclamos, armándoles lazos, y yo las he tenido vivas, y las he comido algunas veces en Tierra-Firme. La manera del reclamo es, que se ase el indio de una vedija de cabellos de encima de la frente, casi de a par de la coronilla, o más cerca de lo alto de la cabeza, y tira y afloja, meneando la cabeza, y con la boca hace cierto son, que es casi silbando, de la misma manera que aquellas perdices cantan; y vienen a este reclamo, y caen en los lazos que les tienen puestos de hilo de henequén, del cual hilo se dijo largamente en el capítulo diez; y así las toman, y son muy excelente manjar asadas, perdigándolas primero, y así de esta manera como cocidas o de cualquier forma que se coman. Quieren parecer mucho en el sabor de las perdices de España, y la carne de ellas es así tiesta, y son mejores de comer el segundo día que las matan, porque estén algo manidas o más tiernas. Otras perdices hay menores que las susodichas, que son como estarnas o perdices de las que acá dicen pardillas, que son asaz buenas; pero aunque en el sabor quieren parecer a las de acá, no son tales, con mucho, como las grandes; y estas pequeñas tienen la pluma asimismo pardilla, pero tiran algo a rubio aquel plumaje sobre pardillo, y tómanse más amenudo que las grandes, y son mejores para los dolientes, porque no son tan recias de digestión.

Capítulo XLI

Faisanes

Los faisanes de Tierra-Firme no tienen la pluma que los faisanes de España, ni son tan lindos en la vista; pero son muy buenos y excelentes en el sabor, y parecen mucho en el gusto a las perdices grandes, de quien se trató en el capítulo antes de éste; el plumaje de estas aves son pardos, así como las perdices, y no tan grandes; pero son más altos de pies, y tienen las colas luengas y anchas, y mátanse de ellas muchas con las ballestas, y hacen cierto canto, a manera de silbos, muy diferente del canto de las perdices y mucho más alto, porque de bien lejos se oyen, y esperan mucho; y así, los ballesteros los matan muy a menudo.

Capítulo XLII

Picudos (131)

Una ave hay en Tierra-Firme, que los cristianos llaman picudo, y tiene un pico muy grande, según la pequeñez del cuerpo, el cual pico pesa mucho más que todo el cuerpo. Este pájaro no es mayor que una codorniz o poco más, pero el bulto es muy mayor, porque tiene mucha más pluma que

(131)   Tucanes.

carne. Su plumaje es muy lindo y de muchas colores, y el pico es tan grande como un geme o más, revuelto para abajo, y al principio, a par de la cabeza, tan ancho como tres dedos o casi; y la lengua que tiene es una pluma, y da grandes silbos y hace agujeros con el pico en los árboles, por donde se mete, y cría allí dentro; y cierto es ave muy extraña y para ver, porque es muy diferente de todas cuantas aves yo he visto, así por la lengua, que, como es dicho, es una pluma, como por su vista y desproporción del gran pico, a respeto del cuerpo. Ninguna ave hay que cuando cría esté más segura y sin temor de los gatos, así porque ellos no pueden entrar a tomarles los huevos a los hijos, por la manera del nido, como porque en sintiendo que hay gatos se meten en su nido y tienen el pico hacia fuera, y dan tales picadas, que el gato ha por bien de no curar de ellos.

Capítulo XLIII

Del pájaro loco (132)

Unos pájaros hay, que los cristianos llaman locos por les dar el nombre al revés de sus efectos, como suelen nombrar otras cosas, según atrás queda dicho, porque en la verdad ninguna ave de las que en aquellas partes yo he visto muestra ser más sabia y astuta ni del tal distinto natural para criar sus hijos sin peligro. Aquestas aves son pequeñas y casi negras, y son poco mayores que los tordos de acá; tienen algunas plumas blancas en el cuello, y traen la diligencia de las picazas; pero muy pocas veces se posan en tierra, y hacen sus nidos en árboles desocupados o apartados de otros, porque los gatos monillos acostumbran irse de árbol en árbol y saltar de unos a otros, y no bajar a tierra, por temor de otros animales, sino es cuando han sed, que bajan a beber, en tiempo que no puedan ser molestados. E por eso estas aves no quieren ni suelen criar sino en árbol que esté algo lejos de otros, y hacen un nido tan luengo o más que el brazo de un hombre, a manera de talega, y en lo bajo es ancho, y hacia arriba de donde está colgado, se va estrechando y hace un agujero por donde entran en aquella talega, no mayor de cuanto el dicho pájaro puede caber; y por-

(132)   Oropéndola.

que, en caso que los gatos suban a los árboles donde aquestos nidos están, no les coman los hijos, tienen otra astucia grande, y es que aquellas ramas y pajas o cosas de que hace estos nidos son muy ásperas y espinosas, y no las puede tomar el gato en las manos sin se lastimar; y están tan entretejidos y fuertes, que ningún hombre los sabría hacer de aquella manera; y si el gato quiere meter la mano por el agujero del dicho nido para sacar los huevos o los hijos pequeños de estas aves, no los puede alcanzar ni llegar al cabo, porque como es dicho, son luengos más de tres palmos o cuatro, y no puede el brazo del gato alcanzar al suelo del nido. Hacen otra cosa, y es que en un árbol hay muchos nidos de estos. E la causa por qué hacen muchos de estos pájaros sus nidos en un mismo árbol debe ser por una de dos cosas, o porque de su natura sean sociables y amigos de compañía de su misma ralea o casta, como los aviones, o porque si por caso los gatos subieran al árbol donde crían haya diversos o muchos nidos en que se determine la ventura del que ha de ser molestado del gato, y haya más cantidad de pájaros de los mayores de ellos que hagan la vela por todos, lo cuales, en viendo los gatos, dan grandes gritos.

Capítulo XLIV

Picazas

Hay en Tierra-Firme y también en las islas unas picazas que son menores que las de España, y tienen su diligencia y andar a saltos; pero son todas negras, y tienen los picos de la hechura que los tienen los papagayos, y asimismo negros, y las colas luengas, y son poco mayores que tordos.

Capítulo XLV

Pintadillos

Unos pájaros hay que se llaman pintadillos, y son muy pequeños, como los que acá llaman pinchicos o de siete colores, y estos pajaricos, de temor de los gatos, siempre crían sobre las riberas de los ríos o de la mar, donde las ramas de los árboles alcancen con los nidos al agua con poco peso que encima de ellas se cargue, y hacen los dichos nidos casi en las puntas de las dichas ramas, y cuando el gato va por la rama adelante ella se abaja y pende al agua, y el gato, de temor, se torna y no cura de los nidos, por temor de caer; porque de todos los animales del mundo, no obstante que ninguno le sobra en malicia, y que naturalmente la mayor parte de los animales saben nadar, estos gatos no lo saben, y muy presto se ahogan. Estos pajaricos hacen sus nidos de manera que aunque se mojen y hinchan de agua, luego se sale, y aunque los pajaricos nuevos con el nido estén debajo del agua, por pequeños que sean, no se ahogan por eso.

Capítulo XLVI

Ruiseñores y otros pájaros que cantan

Hay muchos ruiseñores y otras muchas aves pequeñas, que cantan maravillosamente y con mucha melodía y diferentes maneras de cantar, y son muy diversos en colores los unos de los otros. Algunos hay que son todos amarillos, y otros que todos son colorados, de una color tan fina y excelente, que no se puede creer ni ver otra cosa más subida en color, como si fuese un rubí, y otros de todas colores y diferencias, algunos mezcladas aquellos colores, y otros de pocas, y algunos de una sola, y tan hermosos, que en lindeza exceden y hacen mucha ventaja a todos los que en España y Italia y en otros reinos y provincias muchas yo he visto. E tómanse muchos de ellos con armanzas y liga y costillas, y de muchas maneras.

Capítulo XLVII

Pájaro mosquito

Hay unos pajaritos tan chiquitos, que el bulto todo de uno de ellos es menor que la cabeza del dedo pulgar de la mano, y pelado es más de la mitad menor de lo que es dicho; es una avecica que, demás de su pequeñez, tiene tanta velocidad y presteza en el volar, que viéndola en el aire no se le pueden considerar las alas de otra manera que las de los escarabajos o abejones, y no hay persona que le vea volar que piense que es otra cosa sino abejón. Los nidos son según la proporción o grandeza suya. Yo he visto uno de estos pajaricos que él y el nido puestos en un peso de pesar oro pesó todo dos tomines, que son veinte y cuatro granos, con la pluma, la cual si no tuviera, fuera el peso mucho menos. Sin duda parecía en la sotileza de sus piernas y manos a las avecicas que en las márgenes de las horas de rezar suelen poner los iluminadores; y es de muy hermosas colores su pluma, dorada y verde y de otras colores, y el pico luengo según el cuerpo, y tan delgado como un alfiler. Son muy osados, y cuando ven que algún hombre sube en el árbol en que cría, se le va a meter por los ojos, y con tanta presteza va y huye y torna, que no se puede creer sin verlo; cierto es cosa la pequeñez de este pajarico, que no osara hablar en él sino porque sin mí hay en esta corte de vuestra majestad otros testigos de vista. De lo que hacen el nido es del flueco o pelos de algodón, del cual hay mucho y les es mucho al propósito.

Capítulo XLVIII

Paso de las aves

Visto he algunos años en el mes de marzo, por espacio de quince y veinte días, y algunos años más, y desde la mañana hasta ser de noche, ir el cielo cubierto de infinitas aves y muy altas, y tanto elevadas, que muchas de ellas se pierden de vista, y otras van muy bajas, a respecto de las más altas, pero harto altas, a respecto de las cumbres y montes de la tierra, y van continuamente en seguimiento o al luengo desde la parte del norte septentrional a la del mediodía o vía del polo Austral. Así que vienen de la parte de la mar hacia la parte de la tierra, y así atraviesan todo lo que del cielo se puede ver en la longueza o viaje que hacen estas aves, y de ancho ocupan muy gran parte de lo que se ve del cielo. E la mayor parte de estas aves son, al parecer, águilas negras, y otras de muchas maneras y muy grandes, y otras aves de rapiña. Las diferencias y plumajes de las cuales no se pueden bien comprender, porque no bajan tanto que esto se pueda entender, ni discenirlo la vista; pero en la manera del volar y en la grandeza y diferencia de los tamaños se conoce que son de muchos y diversos géneros. Este paso de estas aves es sobre la ciudad y provincia de Santa María del Antigua del Darien, en Tierra-Firme, en aquella parte que se llama Castilla del Oro. Otras muchas maneras de aves hay en Tierra-Firme, que sería muy larga cosa de escribirlo extensamente, así porque de todas, aunque se ven muchas, sería imposible especificarlo, como poque de otras muchas más que yo tengo escrito en mi *General historia de Indias,* no ocurre al presente a mi memoria más de lo que en el presente sumario está dicho.

Capítulo XLIX

De las moscas y mosquitos y abejas y avispas y hormigas, y sus semejantes

En las Indias y Tierra-Firme hay unas poquitas moscas, y a comparación de las que hay en Europa se puede decir que acullá no hay algunas, porque raras veces se ven algunas.

Mosquitos hay muchos y muy enojosos y de muchas maneras, en especial en algunas partes de las costas de la mar y de los ríos, y también en muchas partes de la tierra no los hay.

Hay muchas avispas y muy peligrosas y ponzoñosas, y su picadura es sin comparación más dolorosa que la de las avispas de España, y tienen casi la misma color pero son mayores y más rubio el amarillo de ellas, y con ello en las alas mucha parte del color negra, y las puntas de ellas rubias de color tostado. Hacen muy grandes avisperos, y los racimos de ellos llenos de vasillos del tamaño de panales que en España hacen las abejas, pero secos y blancos sobre pardos, y no tienen en ellos ningún licor, sino sus crianzas o aquello de que se forman, y hay muchas en los árboles, y también se hacen muchas en las techumbres y maderas de las casas.

Capítulo L

Abejas

Hay muchas abejas, que crían en las hoquedades de los árboles, y son pequeñas, del tamaño de las moscas, o poco más, y las puntas de las alas tienen cortadas al través, de la fación o manera de las puntas de los machetes (133) victorianos, y por medio del ala una señal al través, blanca, y no pican ni hacen mal, ni tienen aguijón, y hacen grandes panales, y los agujerillos de ellos hay en uno más que en cuatro de los de acá, aunque ellas son menores abejas que las de España, y la miel es muy buena y sana, pues es morena casi como arrope.

Capítulo LI

Hormigas

Las diferencias de las hormigas son muchas, y la cantidad de ellas tanta, y tan perjudiciales algunas de ellas, que no se podría creer sin haberlo visto, porque han hecho mucho daño, así en árboles como en azúcares y en otras cosas necesarias al mantenimiento de los hombres; pero por no me detener en esto, digo que aquellas que los osos hormigueros comen son de una manera y son pequeñas y negras, y otras hay rubias, y otras hay que llaman comején, que la mitad son hormigas, y la otra mitad es un gusanico que traen metido en una cosilla o cáscara blanca que llevan arrastrando, y son muy dañosas, y penetran las maderas y casas, y hacen mucho daño éstas que son comején; las cuales, si suben por un árbol o por una pared, o por doquiera que hagan su camino, llevan una bóveda de tierra, cubierta toda, tan gruesa como un dedo y como la mitad, y más y menos, y debajo de aquel artificio o camino cubierto van hasta donde quieren asentar, y allí donde paran ensanchan mucho aquella bóveda, y hacen una casa de barro, cubierta y tan grande como tres y cuatro palmos, y más y menos, y tan ancha como es luenga o como la quieren hacer, y allí

(133)   Especie de hacha afilada; deriva de la palabra *maza*.

crían, y por aquel lugar podrescen y comen la madera, y asimismo las paredes hasta dejarlas tan huecas como un panar (134), y es menester tener aviso para que así como comienzan a hacer aquellas bóvedas o senderos cubiertos se les rompan antes que tengan lugar de hacer daño en las casas, porque para la casa es aqueste animal no otra cosa que la polilla para el paño.

Hay otras hormigas mayores que las susodichas, y con muchas diferencias; pero entre todas tienen el principado de malas unas que hay negras y tan grandes casi como abejas de acá, y éstas son tan pestíferas, que con ellas y otros materiales ponzoñosos los indios hacen yerba que tiran con sus flechas, la cual yerba es sin remedio, y todos los que con ella son heridos mueren, que entre ciento no escapan cuatro; de estas hormigas se ha visto muchas veces por experiencia en muchos cristianos picados de ellas que así como pican dan luego calentura grandísima, y nace un encordio (135) al que han picado. Otras hay que son del tamaño de las hormigas comunes de España, pero aquéllas son bermejas, y éstas y todas las más de las otras que de suso tengo dicho que hay en Tierra-Firme son de paso.

Capítulo LII

Tábanos

En Tierra-Firme hay muchos tábanos y muy enojosos, y pican mucho, y hay muchas diferencias de ellos, y tantas, que sería largo y enojoso proceso de escribir, y no apacible a los lectores.

Capítulo LIII

Aludas

En aquellas partes hay aludas, de la misma manera que las hay en España; y así, se hacen cuando a las hormigas les nacen las alas, y son algo menores que las aludas de acá.

(134) Panal.
(135) Tumor.

Capítulo LIV

De las víboras y culebras y sierpes y lagartos y sapos y otras cosas semejantes. Víboras

Hay en Tierra-Firme, en Castilla del Oro, muchas víboras, según y de la misma manera que las hay en España, y los que son picacos de ellas muy presto mueren, porque pocos hombres pasan del cuarto día si presto no son socorridos; pero entre ellas hay una especie de víboras menores que las otras, y de las colas son algo romas, y saltan en el aire a picar al hombre. E por esto algunos llaman tiro a esta manera de víboras, y la mordedura de estas tales es más venenosa, y incurable las más veces. Una de éstas me picó una india de las que en mi casa me servían, en un heredamiento, y fue muy presto socorrida con muchas cosas, y asimismo con la sangrar o dar lancetadas en un pie en que fué picada, y se hizo en ella todo lo que los cirujarnos ordenaron; pero ninguna cosa aprovechó, ni le pudieron sacar gota de sangre, sino una agua amarilla, y antes del tercero día expiró, que ningún remedio tuvo, y lo mismo acaeció a otras personas; esta misma india que así he dicho que murió era de edad de hasta catorce años o menos, y muy ladina, porque hablaba castellano como si naciera y se criara toda su vida en Castilla, y decía que aquella víbora que le había picado en la garganta de un pie sería de dos palmos o poco más, y que saltó en el aire para la picar desde a más de seis pasos. E con aquesto concordaban muchas personas que tenían conocimiento de las dichas víboras o tiros, y que habían visto morir a otras personas de semejantes picaduras, y éstas son las más ponzoñosas que allá hay.

Capítulo LV

Culebras o sierpes

Unas culebras delgadas, y luengas de siete o ocho pies, he visto yo en Tierra-Firme; las cuales son tan coloradas, que de noche parecen una brasa viva, y de día son casi tan coloradas como sangre. Estas son asaz ponzoñosas, pero no tanto como las víboras.

Hay otras más delgadas y cortas y negras, y éstas salen de los ríos, y andan en ellos y por tierra cuando quieren, y son asimismo harto ponzoñosas.

Otras culebras son pardas, y son poco mayores que las víboras, y son nocivas y ponzoñosas.

Hay otras culebras pintadas y muy luengas. E yo vi una de éstas el año de 1515 en la isla Española, cerca de la costa de la mar, al pie de la sierra que llaman de los Pedernales, y la medí, y tenía más de veinte pies de luengo, y lo más grueso de ella era mucho más que un puño cerrado, y debiera de haber sido muerta aquel día, porque no hedía y estaba la sangre fresca, y tenía tres o cuatro cuchilladas. Estas culebras tales son de menos ponzoña que todas las susodichas, salvo que por ser tan grandes pone mucho temor el verlas. Acuérdome que estando en el Darien, en Tierra-Firme, el año de 1522 años, vino del campo muy espantado un Pedro de la Calleja, montañés, natural de Colindres, una legua de Laredo, hombre de crédito y hidalgo, el cual dijo que había visto en una senda dentro de un maizal solamente la cabeza con poca parte del cuello de una culebra o serpiente, y que no pudo ver lo demás de ella a causa de la espesura del maíz, y que la cabeza era muy mayor que la rodilla doblada de una pierna de un hombre mediano, y allí lo juraba, y que los ojos no le habían parecido menores que los de un becerro grande; y como la vió desde algo apartado, no osó pasar, y se tornó; lo cual el susodicho contó a muchos y a mí, y todos lo creímos por otras muchas que en aquellas partes habían visto algunos de los que al dicho Pedro de Calleja le escuchaban lo que es dicho; y en aquella sazón, pocos días después de esto, en el mismo año, mató una culebra un criado mío, que desde la boca hasta la punta de la cola tenía de luengo veinte y dos pies, y en lo más grueso de ella era más gorda que dos puños juntos de las manos de un hombre mediano, y la cabeza más gruesa que un puño, y la mayor parte del pueblo la vido; y el que la mató se llama Francisco Rao y es natural de la villa de Madrid.

Capítulo LVI

Yu-ana (136)

Yu-ana es una manera de sierpe de cuatro pies, muy espantosa de ver y muy buena de comer, de la cual en el capítulo seis, atrás, se dijo suficientemente lo que convenía de este animal o sierpe; hay muchas de ellas en las islas y en Tierra-Firme.

Capítulo LVII

Lagartos o dragones

Hay muchos lagartos y lagartijas de la manera de los de España, y no mayores, pero no son ponzoñosos; otros hay grandes, de doce y quince pies, y mucho más de luengo, y más gruesos que una arca o caja; y algunos de los más grandes son tan gordos casi como una pipa, y la cabeza y lo demás a proporción, y el hocico tiénenle muy luengo, y el labio de alto horadado en derecho de los colmillos, por los cuales agujeros salen los colmillos que tiene en la parte más baja de la boca; los cuales y los dientes tienen muy fieros; y en el agua es velocísimo, y en tierra algo pesado y torpe, a respecto de la habilidad que en el agua tiene. Muchos de ellos andan en las costas y playas de la mar, y entran y salen de ella por los ríos y esteros que entran en ella, y son de cuatro pies, y tienen muy recias conchas, y por medio del espinazo está lleno de luengo a luengo de puntas o huesos altos, y son tan recios de pasar sus cueros, que ninguna espada o lanza los puede ofender, si no les dan debajo de aquella piel durísima por las ijadas o la tripa, porque allí es flaca y vencible la piel de estos lagartos o dragones (137), los cuales cuando quieren desovar, es en el tiempo más seco del año, en el mes de diciembre, que los ríos no salen de su curso, y en aquella sazón, faltando las lluvias, no les pueden llevar los huevos las crecientes; y hacen de esta manera: sálense a los arenales y playas por la costa o ribera de los ríos, y hacen un hoyo de arena, y ponen allí doscien-

---

(136) Este vocablo es caribe. Se trata de la iguana.
(137) Caimanes.

tos o trescientos huevos, o más, y cúbrenlos con la dicha arena, y *ad putrefactionem,* con el sol se animan y toman vida, y salen de debajo del arena y vanse al río que está junto, siendo no mayores que un geme, o poco menos grandes, y después crecen hasta ser tan gruesos y tamaños como atrás se dijo, y en algunas partes hay tantos de ellos, que es cosa para espantar; y lo más continuamente se andan en los remansos y hondo de los ríos, y cuando salen fuera de ellos por la tierra y playas, todo aquel contorno vecino huele a almizcle, y sálense a dormir muchas veces a los arenales cerca del agua, y cuando se desvían algo más y los topan los cristianos, luego huyen al agua; y no saben correr haciendo vueltas o a un costado o a otro declinando, sino derecho; y así, aunque vaya tras un hombre no le alcanzará si el tal hombre es avisado de lo que es dicho y tuerce el correr al través; antes muchas veces por esta causa ha acaecido irle dando de palos y cuchilladas hasta lo matar o hacer entrar en el agua; pero lo mejor es desde lejos de ellos tirarles con ballestas y escopetas, porque con las otras armas, así como espadas o dardos y lanzas, poco daño le pueden hacer, excepto si le aciertan a dar por la barriga y ijadas, porque aquello tiene muy delgado; y cuando corren por tierra llevan la cola levantada sobre el lomo, enarcada como las plumas de la cola del gallo, y la barriga no arrastrando, sino alta de tierra un palmo, o más o menos, al respecto de la grandeza o altura de los brazos, y tienen manos y pies en fin de los dichos brazos y piernas; y los tales pies y manos muy hendidos, y los dedos luengos y las uñas luengas. Finalmente, que estos lagartos son muy espantosos dragones en la vista: quieren algunos decir que son cocatrices (138), pero no es así; porque la cocatriz no tiene expiradero alguno más de la boca, y aquestos lagartos o dragones sí; y la cocatriz tiene dos mandíbulas, así alta como baja, y así menea la superior tan bien como la inferior, y aquestos lagartos que digo no tienen más de la mandíbula baja. Son en el agua muy velocísimos y muy peligrosos, porque se comen muchas veces los hombres y los perros y los caballos y las vacas al pasar de los vados; y por esto se tiene aqueste aviso, que cuando alguna gente pasa por algún río en que los hay, siempre se toma el vado por los raudales y donde el agua va más baja

(138)   Cocodrilos.

y corriente mucho, porque los dichos lagartos siempre se apartan de los raudales y de donde está bajo el río. Muchas veces acaece, matándolos, que les hallan en el vientre una y dos espuertas de guijarros pelados, que el lagarto come por su pasatiempo y los degiste (139). Mátanlos muchas veces, con anzuelos gruesos de cadena, y de otras maneras, y algunas veces hallándolos fuera del agua, con las escopetas. Estos animales más los tengo yo por bestias marinas y de agua que no terrestres, puesto que, como es dicho, nacen en tierra, de aquellos huevos que entierran en los arenales, los cuales son tan grandes o más que los de las ánsares, y son tan anchos en el un cabo o punta como de la otra parte o cabo; y si dan en el suelo con ellos, no se quiebran para se salir, pero quiébrase la cáscara primera, que es como la de los huevos de los ánsares; y entre aquella y la clara tiene una tela delgada que parece baldrés (140), que no se rompe sino con alguna punta de herramienta o de palo agudo; y dando en el suelo con un huevo de estos, salta para arriba y hace un bote, como si fuese pelota de viento. No tienen yema, y todos son clara, y guisados en tortillas son buenos y de buen sabor; yo he comido algunas veces de estos huevos, pero no he comido de los lagartos, puesto que muchos cristianos los comían cuando los podían haber, en especial los pequeños, al principio que la tierra se conquistó, y decían que eran buenos. E cuando estos lagartos dejaban los huevos cubiertos en el arena, y algún cristiano los hallaba, cogía aquella nidada, y traíalos a la ciudad del Darien, y dábanle cinco o seis castellanos, y más, según los que traía, a razón de un real de plata por cada huevo; yo los pagué en este precio, y los comí algunas veces en el año de 1514 años; pero después que hubo mantenimientos y ganados, se dejaron de buscar, pero no porque si con ellos topan acaso, dejen de comerlos de buena voluntad algunos.

Capítulo LVIII

Escorpiones

Hay en muchas partes escorpiones venenosos en la Tierra-Firme, y yo los hallé en Santa Marta, dentro en tierra,

(139) Digiere.
(140) La palabra correcta es *baldés,* que significa piel de oveja, curtida.

bien tres leguas apartado de la costa y puerto de mar, donde el año de 1514 tocó el armada que por mandado del rey Católico don Fernando V, de gloriosa memoria, pasó a la Tierra-Firme. Son casi negros sobre rubios; y en Panamá, en la costa del mar del Sur, los he visto asimismo algunas veces.

Capítulo LIX

Arañas

Hay arañas grandes, y yo las he visto mayores que la mano extendida, con piernas y todo; pero dejados los brazos, sino solamente el cuerpo, digo que aquello de en medio de una araña que vi una vez, era tamaño como un gorrión o pájaros de estos pardales, y llena de vello, y la color era pardo oscuro, y los ojos mayores que de un pájaro de los que he dicho; son ponzoñosas, pero de aquestas grandes hállanse raras veces, y muchas comúnmente mayores que las de estas partes.

Capítulo LX

Cangrejos

Cangrejos son unos animales terrestres que salen de unos agujeros que ellos hacen en tierra, y la cabeza y cuerpo es todo una cosa redonda que quiere mucho parecer capirote de halcón, y del un costado le salen cuatro pies, y otros tantos del otro lado, y dos bocas como pincetas, la una mayor que la otra, con que muerden, pero su bocado no duele mucho ni es ponzoñoso; su cáscara o cuerpo y lo demás es liso y delgado como la cáscara del huevo, salvo que es más dura. La color es parda o blanca o morada que tira a azul, y andan de lado y son buenos de comer, y los indios se dan mucho a este manjar, y aun también en Tierra-Firme muchos cristianos, porque se hallan muchos, y no son manjar costoso ni de mal sabor; y cuando los cristianos van por la tierra adentro, es manjar presto y que no desplace, y cómense asados en las brasas (141). Finalmente, la hechura de

---

(141)   Es el *juey* de las Antillas *(Cardiosoma guanhumi)*.

ellos es de la misma manera que se pinta el signo de Cáncer; en el Andalucía, a la costa de la mar y del río de Guadalquivir, donde entra en ella, en San Lúcar, y en otras partes muchas, hay cangrejos, pero son de agua, y los que he dicho de suso son de tierra. Algunas veces son dañosos (142) y mueren los que los comen, en especial cuando los dichos cangrejos han comido algunas cosas ponzoñosas o manzanillas de aquellas de que se hace la yerba con que tiran los indios caribes flecheros, de la cual se dirá adelante; pero por esto se guardan los cristianos de comer de ellos cuando los hallan cerca de donde hay los dichos árboles de las manzanillas; aunque se coman muchos de aquellos que son buenos, no hacen mal ni es vianda que empacha.

Capítulo LXI

De los sapos

Hay muchos sapos en la Tierra-Firme y muy enojosos por la grande cantidad de ellos; pero no son ponzoñosos: donde más de ellos se han visto es en la ciudad del Darien, muy grandes; tanto, que cuando se mueren en tiempo de la seca, quedan tan grandes huesos de algunos, en especial algunas costillas, que parecen de gato o de otro animal tamaño; pero como cesan las aguas, poco a poco se consumen y se acaban, hasa que el año siguiente, al tiempo de las lluvias, las torna a haber; pero ya no hay con mucha cantidad tantos como solía; y la causa es que, como la tierra se va desabahando y tratándose de los cristianos, y cortándose muchos árboles y montes, y con el hálito de las vacas y yeguas y ganados, así parece que visible y palpablemente se va desenconando y deshumedeciéndose, y cada día es más sana y apacible. Estos sapos cantan de tres o cuatro maneras, y ninguna de ellas es apacible; algunos como los de acá, y otros silbando, y otros de otra forma; unos hay verdes y otros pardos, otros casi negros; pero todos, los unos y otros, muy feos y grandes y enojosos, porque hay muchos; pero como es dicho, no son ponzoñosos; y donde se pone recaudo para que no haya agua encharcada y que corra o se consuma, luego no hay sapos; que ellos se van a buscar los pantanos, etc.

(142) *Juey cigatero (Gecarcinus lateralis)*, venenoso.

DE LOS ARBOLES Y PLANTAS Y YERBAS QUE HAY EN LAS DICHAS INDIAS, ISLAS Y TIERRA-FIRME

Primeramente pues que está dicho de los árboles que de España se han llevado, y cómo todos se hacen bien en aquellas partes, quiero decir de los otros naturales de ellas; y porque todos los que hay en las islas (y muchos más) los hay en la Tierra-Firme, diré de los que se me acordare, todavía ocurriendo a la protestación que al principio hice, y es que está todo lo que aquí diré, con lo demás que se me olvidare, copiosamente escrito en mi *General historia de Indias;* y comenzando del mamey, digo así.

Capítulo LXII

Mamey

Las principales plantas y mantenimiento de los indios son la yuca y maíz, de que hacen pan, y también vino del maíz, como atrás se dijo; hay otras frutas muy buenas, sin aquello. Hay una fruta que se llama mamey, el cual es un árbol grande y de hermosas y frescas hojas. Hace una graciosa y excelente fruta, y de muy suave sabor, tan gruesa por la mayor parte como dos puños cerrados y juntos; la color es como de la peraza, leonada la corteza, pero más dura algo y espesa, y el cuesco (143) está hecho tres partes, junta la una a par de la otra, en el medio de lo macizo, a manera de pepitas, y de la color y tez de las castañas injertas mondadas, y así propio que ninguna cosa le faltaría para ser las mismas castañas si aquel sabor tuviese; pero aquesto cuesco así dividido o pepita es amarguísimo su sabor como la hiel; pero sobre aquello está una telica muy delgada, entre la cual y la corteza está una carnosidad como leonada, y sabe a melocotones y duraznos, o mejor, y huele muy bien, y es más espesa esta fruta y de más suave gusto que el melocotón, y esta carnosidad que hay desde el dicho cuesco hasta la corteza es tan gruesa como un dedo, o poco menos, y no se puede mejorar ni ver otra mejor fruta.

(143) Hueso.

Capítulo LXIII

Guanábano

El guanábano es un árbol muy grande y hermoso en la vista, y alto, y las ramas de él derechas, y la hoja de él de larga y ancha fación y fresco verdor, y hace unas piñas, o fruta que lo parecen, tan grandes como melones, pero prolongadas, y por encima tienen unas labores sutiles que parece que señalan escamas, pero no lo son ni se abren; antes cerrada en torno, está toda cubierta de una corteza del gordor de cáscara de melón, o algo menos, y de dentro está llena de una pasta como manjar blanco, salvo que aunque es tan espesa, es aguanosa y de lindo sabor templado, con un agrio suave y apacible, y entre aquella carnosidad tiene unas pepitas mayores que las de la cañafístola, y de aquella color y casi tan duras; y aunque un hombre se coma una guanábana de éstas que pese dos o tres libras y más, no le hace daño ni empacho en el estómago, y es muy templada y de hermosa vista; solamente se deja comer de ella aquella corteza delgada que tiene y las pepitas; y hay algunas que son de cuatro libras y más, y si la tienen empezada, aunque esté algunos días no se torna de mal sabor, salvo que se va enjugando y consumiendo en parte, destilándose la humedad y agua de ella estando decentada, y las hormigas luego vienen a la que está partida, y por esto nunca la comienzan sino para acabarla; y hay muchas de estas guanábanas, así en las islas como en la Tierra-Firme.

Capítulo LXIV

Guayaba

El guayabo es un árbol de buena vista, y la hoja de él casi como la del moral, sino que es menor, y cuando está en flor huele muy bien, en especial la flor de cierto género de estos guayabos; echa unas manzanas más macizas que las manzanas de acá, y de mayor peso aunque fuesen de igual tamaño, y tienen muchas pepitas, o mejor diciendo, están llenas de granitos muy chicos y duros, pero solamente son enojosas de comer a los que nuevamente las conocen, por causa de aquellos granillos; pero a quien ya la conoce es muy linda fruta y apetitosa, y por de dentro son algunas coloradas y blancas; y donde mejores yo las he visto es en el Darién, y por aquella tierra, que en parte de cuantas yo he estado de Tierra-Firme; las de las islas no son tales, y para quien la tiene en costumbre es muy buena fruta, y mucho mejor que'manzanas.

Capítulo LXV

Cocos

El coco es género de palma, y la grandeza y hoja de la misma manera de las palmas reales de los dátiles, excepto que difieren en el nacimiento de las hojas, porque las de los cocos nacen en la vara de la palma de la manera que están los dedos de la mano cuando con la otra mano se entretejen, y así están después más desparcidas las hojas. Estas palmas o cocos son altos árboles, y hay muchos de ellos en la costa de la mar del Sur, en la provincia del cacique Chiman, al cual dicho cacique yo tuve cierto tiempo en encomienda con doscientos indios. Estos árboles o palmas echan una fruta que se llama coco, que es de esta manera: toda junta, como está en el árbol, tiene el bulto mayor mucho que una gran cabeza de un hombre, y desde encima hasta lo de en medio, que es la fruta, está rodeada y cubierta de muchas telas, de la manera que aquella estopa con que están cubiertos los palmitos de tierra en el Andalucía; digo de tierra, que no son palmitos de palmas altas; y de aquella estopa y telas en Levante hacen los indios telas muy buenas y jarcias, y las telas las hacen de tres o cuatro maneras, así para velas de los navíos como para vestirse, y las cuerdas delgadas y más gruesas, y hasta cables y jarcias de navíos; pero en estas Indias de vuestra majestad no curan los indios de estas cuerdas y telas que se pueden hacer de la lana de estos cocos, como se hacen en Levante, porque tienen mucho algodón y muy hermoso sobrado. Esta fruta que está en medio de la dicha estopa, como es dicho, es tan grande como un puño cerrado, y algunos como dos, y más y menos, y es una manera de nuez o cosa redonda, algo más prolongada que ancha y dura, y de dentro, pegado al casco de aquella nuez, una carnosidad de la anchura de la mitad de la groseza del menor dedo de la mano, la cual es blanca como una almendra y de muy suave gusto. Cómese así como se comerían almendras mondadas, y después de mascada esta fruta, queda alguna cibera como de la almendra, pero si la quisieren tragar, no es despacible, aunque ido el zumo por la garganta abajo antes que esta cibera se trague, parece que queda aquello mascado algo áspero, pero no mucho ni para que se deba desechar cuando el coco es fresco y ha poco que se quitó del árbol. Esta carnosidad o fruta, no comiéndola y majándola mucho, y después colándola, se saca leche de ella, muy mejor y más suave que las de los ganados, y de mucha substancia, la cual los cristianos echan en las mazamorras que hacen del maíz o del pan, a manera de puches o poleadas; y por causa de esta leche de los cocos son las dichas mazamorras excelente manjar, y sin dar empacho en el estómago, dejan tanto contentamiento en el gusto y tan satisfecha la hambre, como si muchos manjares y muy buenos hubiesen comido; pero procediendo adelante, es de saber que por tuétano o cuesco de esta fruta está en el medio de ella, circundado de la dicha carnosidad, un lugar vacuo, pero lleno de una agua clarísima y excelente, y tanta cantidad, cuanta cabría dentro de un huevo, o más o menos, según el tamaño del coco; la cual agua bebida es la más sustancial, la más excelente y la más preciosa cosa que se puede pensar ni beber, y en el momento parece que así como es pasada del paladar (de planta pedis usque ad verticem) ninguna cosa ni parte queda en el hombre que deje de sentir consolación y maravilloso contentamiento. Cierto parece cosa de más excelencia que todo lo que sobre la tierra se puede gustar, y en tanta manera, que no lo sé encarecer ni decir. Adelante prosiguiendo, digo que aquel vaso de esta fruta, después de quitado de él el majar, queda muy liso, y le limpian y pulen sutilmente, y queda por de fuera de muy buen lustre, que declina a color negro, y de dentro de muy buena tez; los que acostumbran beber en aquellos vasos, y son dolientes de la ijada, dicen que hallan maravilloso y conocido remedio contra tal enfermedad, y rómpeseles la piedra a los que la tienen, y hácela echar por la orina. Todas estas cosas que he dicho sumariamente aquí a vuestra majestad, tiene aquesta fruta de estos cocos. El nombre de coco se les dijo porque aquel lugar donde está asida en el árbol aquesta fruta, quitando el pezón, deja allí un hoyo, y encima de aquél tiene otros dos hoyos naturalmente, y todos tres vienen a hacerse como un gesto o figura de un monillo que coca (144), y por eso se dijo coco; pero en la verdad, como primero se dijo, este árbol es especie de palma, y según Plinio y otros naturales lo escriben, todas las palmas son útiles y provechosas para esta enfermedad de la ijada; y de aquí viene que los cocos, como fruto de palma, sean útiles a semejante dolencia.

Capítulo LXVI

Palmas

En el capítulo de suso se dijo que los cocos son género de palmas; y por esto, antes que se diga de otros árboles, es bien que de las palmas se diga un poco. Las que llevan dátiles, hasta ahora no se han hallado en aquellas partes; pero por industria de los cristianos ya hay muchas en las islas de Santo Domingo o Española, y en la de Cuba y San Juan y Jamaica, así en las casas de morada como en las huertas y jardines; que de los cuescos de los dátiles que se llevaron de acá fué su origen y principio; y en la ciudad de Santo Domingo en muchas casas las hay muy hermosas, y en una casa en que yo vivo y tengo en aquella ciudad hay una palma que cada un año lleva mucha fruta, y es muy grande y de las más hermosas que hay en aquella tierra toda.

Pero de las palmas naturales de las islas y Tierra-Firme hay siete o ocho maneras y diferencias de ellas. Hay unas que tienen la hoja como la de los palmitos terreros del Andalucía, que es como una palma o mano de un hombre, abiertos los dedos, y éstas llevan por fruta unas cuentas pequeñas y redondas.

Hay otras palmas que echan la hoja como las de los dátiles, y aquéstas echan otra forma de cuentas mayores, pero no tan duras como las que se dijo de suso.

Hay otras palmas de la misma manera de hojas, y son muy excelentes los palmitos para comer, y muy grandes y tiernos, y también llevan cuentas.

Hay otras palmas que también son muy buenos los pal-

(144)   Hacer cocos, gestos, muecas. Como hoy se dice *cucamonas*.

mitos para comer, y son algo más bajas y más gruesas que las susodichas, y llevan asimismo cuentas.

Hay otras palmas altas y de buenos palmitos, y llevan por fruta unos cocos, no mayores que las aceitunas cordobesas, y son como el coco sin la estopa, sino solo el cuesco, con los tres agujerillos que le hacen parecer mono cocando; pero son aquestos cocos menudos y macizos, y no sirven de nada.

Hay otras palmas altas muy espinosas, las cuales son de la más excelente madera que puede ser, y es muy negra la madera y muy pesada y de lindo lustre, y no se tiene sobre agua esta madera, que luego se va a lo hondo; hácense de ella muy buenas saetas y virotes, y cualesquiera astas de lanzas o picas, y digo picas porque en la costa del sur, delante de Esquegna y Urraca, traen los indios picas de aquestas palmas, muy hermosas y luengas; y donde pelean los indios con tiraderas (145), las hacen de esta manera, tan luengas como dardos, y aguzadas las puntas, con que tiran y pasan un hombre y una rodela; asimismo hacen macanas para pelear, y cualquiera asta o cosa que se haga de esta madera es muy hermosa, y para hacer címbalos o vihuelas o cualquier instrumento de música que se requiera madera, es muy gentil, porque, demás de ser muy durísima, es tan negra como un buen azabache.

CAPÍTULO LXVII

Pinos

Hay en la isla Española pinos naturales como los de España, que no llevan piñones, y de la misma manera son aquéllos, y en otra parte de las islas y Tierra-Firme yo no he oído que los haya, a lo que se me puede acordar al presente.

(145)   La tiradera es un arma que estuvo difundida por toda la América indígena. Aunque tiene variedades (el *atl-atl* mesoamericano o la *estólica* andina), consiste esencialmente en un palo fuerte, aplanado, con un reborde en uno de sus extremos, sobre el cual se apoya el venablo, que se arroja llevando el brazo hacia atrás y avanzándolo con vigor, en un fortísimo lanzamiento del que sale el proyectil resbalando sobre la tiradera.

Capítulo LXVIII

Encinas

En la costa de la mar de la Sur, al occidente, partiendo de Panamá y delante de la provincia de Esquegna, se han hallado muchas encinas, y llevan bellotas, y son buenas de comer; lo cual en Tierra-Firme yo oí, y me informé de los mismos cristianos que lo vieron y comieron de las dichas bellotas.

Capítulo LXIX

Parras y uvas

En aquellas partes de Tierra-Firme por los montes y bosques de arboledas se hallan muchas veces muy buenas parras salvajes y muy cargadas de uvas y racimos de ellas, no muy menudas, sino más gruesas que las que en España nacen en los sotos, y no tan agrias, sino mejores y de mejor sabor, y yo las he comido muchas veces y en mucha cantidad; de que quiero inferir que se harán muy bien las viñas y parrales en aquellas partes queriéndose dar a ellas; y todas las que yo he visto y comido de estas uvas son negras. En Santo Domingo he comido yo muy buenas uvas de las que se han hecho en parras, llevados los sarmientos de España, blancas y gruesas, y de tan buen sabor como acá.

Capítulo LXX

De los higos del mastuerzo

En la costa del poniente, partiendo de la villa de Acla, y pasando adelante del golfo de San Blas y del puerto del Nombre de Dios, la costa abajo, en tierra de Veragua y en las islas de Corobaro, hay unas higueras altas, y tienen las hojas trepadas y más anchas que las higueras de España, y llevan unos higos tan grandes como melones pequeños (146), los cuales nacen pegados en el tronco principal de

(146)   Papagayos.

la higuera en lo alto de ella, y muchos de ellos en las ramas y en cantidad, y tienen la corteza o cuero delgado, y todo lo demás es de una carnosidad espesa como la del melón, y de buen sabor, y córtase a rebanadas como el melón; y en el medio del dicho higo o fruto tienen las pepitas, las cuales son menudas y negras, y envueltas en una manera de materia y humor, de la forma que lo están las de los membrillos, y son tanta cantidad como un huevo de gallina, poco más o menos, según la cantidad del higo o fruta de suso expresada, y aquellas pepitas se comen y son sanas, pero del mismo sabor, ni más ni menos, que el mastuerzo (147). E por esto los que por aquellas partes andamos sirviendo a vuestra majestad llamamos esta fruta los higos del mastuerzo, de la cual simiente se ha puesto en el Darién, y se hicieron estas higueras muy bien, y yo comí muchos higos de estos, y son de la manera que lo he dicho.

Capítulo LXXI

Membrillos

Hay unas frutas que en Tierra-Firme los cristianos las llaman membrillos, pero no lo son, mas son de aquel tamaño, y redondos y amarillos, y la corteza tiénenla verde y amarga, y quítansela, y hácenlos cuartos y sácanles ciertas pepitas que tienen amargas, y lo demás échandolo en la olla a cocer con la carne o sin ella, con otras cosas que quieren guisar, y son muy buenos y sustanciales y de buen sabor y mantenimiento, y los árboles en que nacen son no grandes, y tienen más semejanza de plantas que de árboles, y hay mucha cantidad de ellos, y la hoja es casi de la manera de la hoja de los membrillos de España.

Capítulo LXXII

Perales

En Tierra-Firme hay unos árboles que se llaman perales, pero no son perales como los de España, mas son otros de

(147)   El *mastuerzo* es una planta crucífera de huerta *(Lepidium sativum)*. La palabra es variante de *nastuerzo,* que procede del latino *nasturtium.*

no menos estimación; antes son de tal fruta, que hacen mucha ventaja a las peras de acá. Estos son unos árboles grandes, y la hoja ancha y algo semejante a la del laurel, pero es mayor y más verde. Echa este árbol unas peras de peso de una libra, y muy mayores, y algunas de menos; pero comúnmente son de a libra, poco más o menos, y la color y talle es de verdaderas peras, y la corteza algo más gruesa, pero más blanda, y en el medio tiene una pepita como castaña injerta, mondada; pero es amarguísima, según atrás se dijo · del mamey, salvo que ésta es de una pieza, y la del mamey de tres, pero es así amarga y de la misma forma, y encima de esta pepita hay una telica (148) delgadísima, y entre ella y la corteza primera está lo que es de comer, que es harto, y de un licor o pasta que es muy semejante a manteca y muy buen manjar y de buen sabor, y tal, que los que las pueden haber las guardan y precian; y son árboles salvajes así éste como todos los que son dichos, porque el principal hortelano es Dios, y los indios no ponen en estos árboles trabajo ninguno. Con queso saben muy bien estas peras, y cógense temprano, antes que maduren, y guárdanlas, y después de cogidas, se sazonan y ponen en toda perfección para las comer; pero después que están cuales conviene para comerse, piérdense si las dilatan y dejan pasar aquella sazón en que están buenas para comerlas (149).

CAPÍTULO LXXIII

Higuero

El higuero es un árbol mediando, y algunos grandes, según donde nacen, y echan unas calabazas redondas que se llaman higueras, de las cuales hacen vasos para beber, como tazas (150), y en algunas partes de Tierra-Firme las hacen tan gentiles y tan bien labradas y de tan lindo lustre, que puede beber con ellas cualquier gran príncipe; y les

(148)   Dimimutivo en *ica,* infrecuente, tela fina, *telilla.*
(149)   Se trata de los aguacates.
(150)   Es el *güiro* o *güira (Cocurbita lagenaria).* También su corteza seca (con semillas en su interior) se utiliza como instrumento musical: *maraca.*

ponen sus asideros de oro, y son muy limpias, y sabe muy bien en ellas el agua, y son muy necesarias y útiles para beber, porque los indios en la mayor parte de Tierra-Firme no tienen otros vasos.

Capítulo LXXIV

Hobos (151)

Los hobos son árboles muy grandes y muy hermosos y de muy lindo aire, y sombra muy sana; hay mucha cantidad de ellos, y la fruta es muy buena y de buen sabor y olor, y es como unas ciruelas pequeñas amarillas, pero el cuesco es muy grande, y tienen poco que comer, y son dañosos para los dientes cuando se usan mucho, por causa de ciertas briznas que tienen pegadas al cuesco, por las cuales pasan las encías, cuando quiere hombre despegar de ellas lo que se come de esta fruta. Los cogollos de ellos echados en el agua, cociéndola con ellos, es muy buena para hacer la barba y lavar las piernas, y de muy buen olor; y las cáscaras o cortezas de este árbol, cocidas, y lavando las piernas con el agua, aprietan mucho y quitan el cansancio, y maravillosa y palpablemente es un muy excelente y salutífero baño; y es el mejor árbol que en aquellas partes hay para dormir debajo de él, y no causa ninguna pesadumbre a la cabeza, como otros árboles; y como en aquella tierra los cristianos acostumbran andar mucho al campo, está esto muy probado, y luego que hallan hobos cuelgan debajo de ellos sus hamacas o camas para dormir.

Capítulo LXXV

Del palo santo, al cual los indios llaman guayacán (152)

Así en las Indias como en estos reinos de España y fuera de ellos es muy notorio el palo santo, que los indios llaman

(151)   *Jobo.* Es el *Spondius mombis, árbol anacardiáceo, muy abundante en las Antillas.*

(152)   *Guayacán, Guayacum officinale,* árbol de la familia de las cigofiláceas, conocido también como *palo santo* o *guayaco.* El extracto de la madera y la resina, conocido como *guayacol,* es de uso medicinal.

guayacán, y por esto diré de él alguna cosa en brevedad; éste es un árbol poco menos que nogal, y hay muchos de estos árboles, y muchos bosques llenos de ellos, así en la isla Española como en otras islas de aquellas mares; pero en Tierra-Firme yo no le he visto ni he oído decir que haya estos árboles. Este árbol tiene toda la corteza toda manchada de verde, y más verde y pardillo, como suelen estar un caballo muy overo o muy manchado; la hoja de él es como de madroño, pero es algo menor y más verde, y echa unas cosas amarillas pequeñas por fruto, que parecen dos altramuces, junto el uno al otro por los cantos. Es madero muy fortísimo y pesado, y tiene el corazón casi negro, sobre pardo; y porque la principal virtud de este madero es sanar el mal de las búas (153), y es cosa tan notoria, no me detengo mucho en ello, salvo que del palo de él toman astillas delgadas, y algunos lo hacen limar, y aquellas limaduras cuécenlas en cierta cantidad de agua, y según el peso o parte que echan de este leño a cocer; y desque ha desmenguado el agua en el cocimiento las dos partes o más, quítanla del fuego y repósase, y bébenla los dolientes ciertos días por las mañanas en ayunas, y guardan mucha dieta, y entre día han de beber de otra agua, cocida con el dicho guayacán; y sanan sin ninguna duda muchos enfermos de aqueste mal; pero porque yo no digo aquí tan particularmente esta manera de cómo se toma este palo o agua de él, sino cómo se hace en la India, donde es más fresco, el que tuviere necesidad de este remedio, no se cure por lo que yo aquí escribo, porque acá es otra tierra y temple de aires y es más fría región, y conviene guardarse los dolientes más y usar de otros términos; pero es tan usado, y saben ya muchos cómo acá se ha de hacer, y de aquellos tales se informe quien tuviere necesidad de curarse; solamente sabré yo aprovechar en consejar al que quisiere escoger el mejor guayacán, que lo procure de la sila Beata. Puede vuestra majestad tener por cierto que aquesta enfermedad (154) vino de las Indias, y es muy común a los indios, pero no peligrosa tanto en aquellas partes como en éstas; antes muy fácilmente los indios se curan en las islas con este palo, y en Tierra-Firme con otras yerbas o cosas que ellos saben, porque son muy grandes herbolarios. La primera vez que aquesta enferme-

(154)   Se refiere a la sífilis.

dad en España se vió fué después que el almirante don Cristóbal Colón descubrió las Indias y tornó a estas partes, y algunos cristianos de los que con él vinieron que se hallaron en aquel descubrimiento, y los que el segundo viaje hicieron, que fueron más, trajeron esta plaga, y de ellos se pegó a otras personas; y después, el año de 1495, que el gran capitán don Gonzalo Fernández de Córdoba (155) paso a Italia con gente en favor del rey don Fernando joven de Nápoles, contra el rey Charles de Francia, el de la cabeza gruesa, por mandado de los Católicos reyes don Fernando y doña Isabel, de inmortal memoria, abuelos de vuestra sacra majestad, pasó esta enfermedad con algunos de aquellos españoles, y fué la primera vez que en Italia se vió; y como era en la sazón que los franceses pasaron con el dicho rey Charles, llamaron a este mal los italianos el mal francés, y los franceses le llaman el mal de Nápoles, porque tampoco le habían visto ellos hasta aquella guerra, y de ahí se esparció por toda la cristiandad, y pasó en Africa por medio de algunas mujeres y hombres tocados de esta enfermedad; porque de ninguna manera se pega tanto como de ayuntamiento de hombre a mujer, como se ha visto muchas veces, y asimismo de comer en los platos y beber en las copas y tazas que los enfermos de este mal usan, y mucho más en dormir en las sábanas y ropa de los tales hayan dormido; y es tan grave y trabajoso mal, que ningún hombre que tenga ojos puede dejar de haber visto mucha gente podrida y tornada en San Lázaro a causa de esta dolencia, y asimismo han muerto muchos de ella; y los cristianos que se dan a la conversación y ayuntamiento de las indias, pocos hay que escapen de este peligro; pero, como he dicho, no es tan peligrosos allá como acá, así porque allá este árbol es más provechoso y fresco, hace más operación, como porque el temple de la tierra es sin frío y ayuda más a los tales enfermos que no el aire y constelaciones de acá. Donde más excelente es este árbol para este mal, y por experiencia más provechoso, es el que se trae de una isla que se llama la Beata, que es cerca de la isla de Santo Domingo de la Española, a la banda del mediodía.

(155)   Recuérdese que Fernández de Oviedo había sido su secretario.

Capítulo LXXVI

Jagua (156)

Entre los otros árboles que hay en las Indias, así en las islas como en la Tierra-Firme, hay una natura de árbol que se dice jagua, del cual género hay mucha cantidad de árboles. Son muy altos y derechos y hermosos en la vista, y hácense de ellos muy buenas astas de lanzas, tan luengas y gruesas como las quieren, y son de linda tez y color entre pardo y blanco. Este árbol echa una fruta tan grande como dormideras, y que les quiere mucho parecer, y es buena de comer cuando está sazonada; de la cual fruta sacan agua muy clara, con la cual los indios se lavan las piernas, y a veces toda la persona, cuando siente las carnes relajadas o flojas, y también por su placer se pintan con esta agua; la cual, demás de ser su propia virtud apretar y restringir, poco a poco se torna tan negro todo lo que la dicha agua ha tocado como un muy fino azabache, o más negro, la cual color no se quita sin que pasen doce o quince días, o más, y lo que toca en las uñas, hasta que se mudan, o cortándolas poco a poco como fueren creciendo, si una vez se deja para bien negro; lo cual yo he muy bien probado, porque también a los que por aquellas partes andamos, a causa de los muchos ríos que se pasan, es muy provechosa la dicha jagua para las piernas desde las rodillas abajo; suélense hacer muchas burlas a mujeres rociándolas descuidadamente con agua de esta jagua, mezclada con otras aguas olorosas, y sálenles más lunares de los que querrían; y la que no sabe de qué causa, pónenla en congoja de buscar remedios, todos los cuales son dañosos, o aparejados más para se quemar o desollar el rostro que no para guarecerle, hasta que haga su curso, y poco a poco por sí misma se vaya deshaciendo aquella tinta. Cuando los indios han de ir a pelear se pintan con esta jagua y con bija, que es una cosa a manera de almagre, pero más colorada, y también las indias usan mucho de esta pintura.

---

(156) Es la *Genipa americana,* árbol de la familia de las rubiáceas. En la topominia de La Española, hay un arroyo que desagua en Nizao, y que lleva este nombre.

Capítulo LXXVII

Manzanas de la yerba (157)

Las manzanillas de que los indios caribes flecheros hacen la yerba que tiran con sus flechas nacen en unos árboles copados, de muchas ramas y hojas, y espesos y muy verdes, y cargan mucho de esta mala fruta, y son las hojas semejantes a las del peral, excepto que son menores y más redondas. La fruta es de la manera de las peras moscarelas de Sicilia o de Nápoles al parecer, y el talle y tamaño según las cermeñas, de talle de peras pequeñas, y en algunas partes están manchadas de rojo, y son de muy suave olor; estos árboles por la mayor parte siempre nacen y están en las costas de la mar y junto al agua de ella, y ningún hombre hay que los vea, que no codicie comer muchas peras o manzanillas de éstas. De aquesta fruta, y de las hormigas grandes que causan los encordios de que atrás se dijo, y de víboras y otras cosas ponzoñosas, hacen los indios caribes flecheros la yerba con que matan con sus saetas y flechas; y nacen, como he dicho, estos manzanos cerca del agua de la mar; y todos los cristianos que en aquellas partes sirven a vuestra majestad piensan que ningún remedio hay tal para el herido de esta yerba como el agua de la mar, y lavar mucho la herida con ella, y de esta manera han escapado algunos, pero muy pocos; porque en la verdad, aunque esta agua de la mar sea la contrayerba, si por caso lo es, no se sabe aun usar del remedio, ni hasta ahora los cristianos le alcanzan, y de cincuenta que hieran, no escapan tres; pero para que mejor pueda vuestra majestad considerar la fuerza de la ponzoña de estos árboles, digo que solamente echarse un hombre poco espacio de hora a dormir a la sombra de un manzano de éstos, cuando se levanta tiene la cabeza y ojos tan hinchados, que se le juntan las cejas con las mejillas, y si por acaso cae una gota o más del rocío de estos árboles en los ojos, los quiebra, o a lo menos los ciega. No se podría decir la pestilencial natura de estos árboles, de los cuales hay asaz copia desde el golfo de Urabá, en la costa del norte, a la banda de poniente o del levante, y tantos, que

(157) Al decir *de la yerba* se refiere a una sola manera de hierba, y no como descripción botánica, sino a la que usaban los indios para el veneno de sus flechas.

son sin número; y la leña de ellos cuando arde no hay quien la pueda sufrir, porque incontinenti da muy grandísimo dolor de cabeza.

Capítulo LXXVIII

Arboles grandes

En Tierra-Firme hay tan grandes árboles, que si yo hablase en parte que no hubise tantos testigos de vista, con temor lo osaría decir. Digo que a una legua del Darién, o ciudad de Santa María del Antigua, pasa un río harto ancho y muy hondo, que se llama el Cuti, y los indios tenían un árbol grueso, atravesado de parte a parte, que tomaba todo el dicho río, por el cual pasaron muchas veces algunos que en aquellas partes han estado, que ahora están esta corte, y yo asimismo; el cual era muy grueso y muy luengo; y como días había que estaba allí, íbase, abajando en el medio de él; y aunque pasaban por encima, era en un trecho de él dando el agua cerca de la rodilla. Por lo cual ahora tres años, en el año de 1522, siendo yo justicia por vuestra majestad en aquella ciudad, hice echar otro árbol poco más abajo del susodicho, que atravesó todo el dicho río y sobró de la otra parte más de cincuenta pies, y más grueso, y quedó encima del agua más de dos codos, y al caer que cayó, derribó otros árboles y ramas de los que estaban del otro cabo, y descubrió ciertas parras de las que atrás se hizo mención, de muy buenas uvas negras, de las cuales comimos muchas más de cincuenta hombres que allí estábamos. Tenía este árbol, por lo más grueso de él, más de diez y seis palmos; pero a respecto de otros muchos que en aquella tierra hay, era muy delgado, porque los indios de la costa y provincia de Cartagena hacen canoas, que son las barcas en que ellos navegan, tan grandes, que en algunas van ciento, y ciento y treinta hombres, y son de una pieza y árbol solo; y de través, al ancho de ellas, cabe muy holgadamente una pipa o bota, quedando a cada lado de ella lugar por do pueda muy bien pasar la gente de la canoa. E algunas son tan anchas, que tienen diez y doce palmos de ancho, y las traen y navegan con dos velas, que son la maestra y del

147

trinquete; las cuales velas ellos hacen de muy buen algodón.

El mayor árbol que yo he visto (158) en aquellas partes
ni en otras, fué en la provinvia de Guaturo; el cacique de la
cual, estando rebelado de la obediencia y servicio de vuestra majestad, yo fuí a buscarle y le prendí; y pasando, con la
gente que conmigo iba, por una sierra muy alta y muy llena
de árboles, en lo alto de ella topamos un árbol, entre los
otros, que tenía tres raíces o partes de él en triángulo, a
manera de trébedes, y dejaba entre cada uno de estos tres
pies abierto más espacio de veinte pies, y tan alto, que una
muy ancha carreta y envarada, de la manera que en este
reino de Toledo las envaran al tiempo que cogen el pan,
cupiera muy holgadamente por cualquiera de todas tres
lumbres o espacio que quedaba de pie a pie, y en lo alto de
tierra, más espacio que la altura de una lanza de armas se
juntaban todos tres palos o pies y se resolvían en un árbol
o tronco, el cual subía muy más alto en una pieza sola, antes
que desparciese ramas, que no es la torre de San Román de
aquesta ciudad de Toledo; y de aquella altura arriba echaba
muchas ramas grandes. Algunos españoles subieron por el
dicho árbol, y yo fui uno de ellos, y desde adonde llegué
por él, que fué hasta cerca de donde comenzaba a echar
brazos o las ramas, era cosa de maravilla ver la mucha tierra
que desde allí se parecía hacia la parte de la provincia de
Abrayme. Tenía muy buen subidero el dicho árbol, porque
estaban muchos bejucos rodeados al dicho árbol, que hacían en él muy seguros escalones. Sería cada pie de estos
tres sobre que dije que nacía o estaba fundado este árbol,
más gruesos que veinte palmos; y después que todos tres
pies en lo alto se juntaban en uno, aquel principal era de
más de cuarenta y cinco palmos en redondo. Yo le puse
nombre a aquella montaña, la sierra del Arbol de las Trébedes. Esto que he dicho vió toda la gente que conmigo iba
cuando, como dicho es, yo prendí al dicho cacique de Guaturo el año de 1522. Muchas cosas se podrían decir en esta
materia, y muy excelentes maderas hay, y de muchas maneras y diferencias, así como cedros de muy buen olor, y palmas negras, y mangles, y de otras muchas suertes, y muchos
de ellos tan pesados, que no se sostienen sobre el agua, y

(158)   Por la descripción, debe tratarse de una ceiba.

se van a lo hondo de ella; y otros tan ligeros, que el corcho no lo es más. Solamente lo que a esta parte toca no se podría acabar de escribir en muchas más hojas que todo lo que de esta relación o sumario está escrito.

Y porque la materia es de árboles, antes que pase a otras cosas quiero decir la manera de cómo los indios con palos encienden fuego donde quiera que ellos lo quieren hacer, y es de aquesta manera: toman un palo tan luengo como dos palmos y tan grueso como el más delgado dedo de la mano, o como es una saeta, y muy bien labrado y liso, de una madera muy fuerte que ya ellos tienen para aquello; y donde se paran para encender la lumbre toman dos palos de los secos y más livianos que hallan por tierra, y muy juntos el uno a par del otro, como los dedos apretados, y entre medias de los dos ponen de punta aquel palillo recio, y entre las palmas tuercen recio, frotando muy continuamente; y como lo bajo de este palillo está luciendo (159) a la redonda en los dos palos bajos que están tendidos en tierra, se encienden aquellos en poco espacio de tiempo, y de esta manera hacen lumbre.

Asimismo es bien que se diga lo que a la memoria ocurre de ciertos leños que hay en aquella tierra, y aun en España algunas veces se hallan, y éstos son unos troncos podridos de los que ha mucho tiempo que están caídos por tierra, que están ligerísimos y blancos, y relucen de noche propiamente como brasas vivas; y cuando los españoles hallan de estos palos y van de noche a entrar a hacer la guerra en alguna provincia, y les es necesario andar alguna vez de noche por parte que no se sabe el camino, toma el delantero cristiano que guía y va junto al indio que les enseña el camino, una astilla de este palo y pónesela en el bonete, detrás sobre las espaldas, y el que va tras aquel síguele atinando y viendo la dicha astilla que así reluce, y aquel segundo lleva otra, tras el cual va el tercero, y de esta manera todos las llevan, y así ninguno se pierde ni aparta del camino que llevan los delanteros. E como quiera que esta lumbre o resplandor no parece del muy lejos, es un aviso muy bueno, y que por él no son descubiertos ni sentidos los cristianos, ni los pueden ver desde muy lejos.

Una muy gran particularidad se me ofrece de que Plinio,

(159) Frotando.

en su natural historia, hace expresa mención, y es que dice qué árboles son aquellos que siempre están verdes y no pierden jamás la hoja, así como el laurel, y el cidro, y naranjo, y olivo, y otros, en que por todos dice hasta cinco o seis. A este propósito digo que en las islas y Tierra-Firme sería cosa muy difícil hallar dos árboles que pierdan la hoja en algún tiempo; porque aunque he mirado mucho en ello, ninguno he visto ni me acuerdo que la pierda, ni de aquellos que se han llevado de España, así como naranjos, y limones, y cidros, y palmas, y granados, y todos los demás, de cualquier género que sean, excepto el cañafístolo, que éste la pierde, y tiene otro extremo más, en lo cual es solo, que así como todos los árboles y plantas en las Indias echan sus raíces en obra o cantidad de un estado en hondo, y algo menos o muy poquito más de la superficie de la tierra, y de allí adelante no pasan, por el calor o disposición contraria que en lo más hondo de lo que es dicho hallan, el cañafístolo no deja de entrar más abajo, y no para hasta tocar en el agua. Esto no lo hace otro árbol alguno ni planta en aquellas partes; y esto baste cuando a lo que toca a los árboles, porque, como dicho es, es cosa para se poder extender la pluma y escribir una larguísima historia.

Capítulo LXXIX

De las cañas

No he querido poner en el capítulo antes de éste lo que aquí se dirá de las cañas, ni las quiero mezclar con las plantas, porque es cosa mucho de notar y mirar particularmente. En Tierra-Firme hay muchas maneras de cañas, y en muchas partes hacen casas y las cubren con los cogollos de ellas, y hacen las paredes de las mismas, como atrás se dijo; pero entre muchas maneras de cañas, hay una de unas que son grosísimas y de tan grandes canutos como un muslo de un hombre grueso, y de tres palmos y mucho más de luengo, y que pueden caber más de un cántaro de agua cada cañuto; y hay otras de menos groseza y del tamaño que los quieren, y hacen muy buenos carcajes para traer las saetas en los canutos de ellas. Pero una manera de cañas hay en Tierra-Firme, que son cosas de mucha admiración, las cuales son tan gruesas o algo más que astas de lanzas jinetas, y los cañutos más luengos que dos palmos, y nacen lejos unas de otras, y acaece hallar una o dos de ellas desviadas la una de la otra veinte y dos y treinta pasos, y más y menos, y no hallar otra a veces en dos o tres o más leguas, y no nacen en todas provincias, y siempre nacen cerca de árboles muy altos, a los cuales se arriman, y suben por encima de las ramas de ellos, y tornan para abajo hasta el suelo; y todos los cañutos de estas tales cañas están llenos de muy buena y excelente y clara agua, sin ningún resabio de mal sabor de la caña ni de otra cosa, mas que si se cogiese de la mejor fuente del mundo, y no se halla haber hecho daño a ninguno que la bebiese. Antes muchas veces, andando por aquellas partes los cristianos, en lugares secos, que faltándoles el agua, se ven en mucha necesidad de ella y a punto de perecer de sed, topando estas cañas son socorridos en su trabajo, y por mucha que de ella beban, ningún daño les hace; y como las hallan, hácenlas trozos, y cada compañero lleva dos o tres cañutos, o los que puede o quiere, en que para seguir su jornada lleva una o dos azumbres de agua, y aunque la lleven algunas jornadas y luengo camino, va fresca y muy buena.

Capítulo LXXX

De las plantas y yerbas

Pues la brevedad de mi memoria ha dado la conclusión a lo que de los árboles me he acordado (160), pasemos a las plantas y yerbas que en aquellas partes hay. De las que tienen semejanza a las de España en la facción (161) o en el sabor, o en alguna particularidad, se dirá con pocas palabras en lo que tocare a Tierra-Firme; porque en lo de las islas Española y las otras que están conquistadas, así de árboles como de plantas y yerbas de las que se llevaron de España, atrás queda dicho, y de todas aquéllas o las más de

(160) Sin presunción, indica que escribe de memoria, lo que es muy informativo para nosotros para conocer el modo de elaboración de esta obra.

(161) Esta palabra, que ha repetido muchas veces, se deriva de *faz,* superficie, cara, aspecto, y la emplea en esta última acepción.

ellas hay asimismo en Tierra-Firme, así como naranjos agrios y dulces, y limones y cidros, y todas hortalizas, y melones muy buenos todo el año, y albahaca, la cual, no llevada de España, pero natural de aquella tierra, por los montes y en muchas partes las hallan, y asimismo yerba mora y verdolagas: estas tres cosas hay allá y son naturales de aquella tierra, y en facción, y tamaño, y sabor, y olor, y fruto son como en Castilla. Pero demás de éstas, hay mucho mastuerzo salvaje, que en el sabor es ni más ni menos que el de España; pero la rama es gruesa y mayor, y las hojas grandes. E asimismo hay culantro muy bueno, y como el de acá en el sabor; pero muy deficiente en la hoja, la cual es muy ancha, y por ella algunas espinas muy sutiles y enojosas; pero no tanto que se deje de comer. E hay asimismo trébol del mismo olor que el de España, pero de muchas hojas y más hermosa rama, y la flor blanca, y las hojas luengas y mayores que las del laurel, o tamañas.

Hay otra yerba casi del arte de la correhuela, salvo que es más sutil en rama y más ancha comúnmente la hoja, y llámase Y. Hácese a montones, o amontonada a muchas, la cual es para los puercos muy apetitosa y deseada, y engordan mucho con ella; y los cristianos se purgan con ella, y es muy excelente, y se puede dar esta purgación a un niño o a una mujer preñada, porque no es para más de tres o cuatro veces retraerse el que la toma; la cual majan mucho, y aquel zumo de ella cuélanlo, y porque pierda algo de aquel verdor échanle un poco de azúcar y beben una pequeña escudilla de ella en ayunas; pero no amarga, y aunque no le echen azúcar o miel se puede muy bien beber; ni todas las veces los cristianos tienen azúcar para se la echar, y a todos los que la toman aprovecha y la loan; lo cual algunos no hacen. Las avellanas, en las cuales pues, a consecuencia del purgar, me acordé de ellas, no debe tener todo hombre seguridad, porque a algunas personas he visto a quien ningún provecho han hecho ni les ha hecho purgar, y a otros estómagos hacen tanta corrupción, que los ponen en extremo o matan, y por su violencia ha de haber mucha consideración y tiento en las tomar. Aquéstas nacen en la Española y otras islas, y en Tierra-Firme yo no las he visto ni he oído hasta ahora que las haya. Son unas plantas que parecen casi árboles, y hacen unos flecos colorados amontonados, o que salen de un principio como los granos del hinojo, y en aquéllas se hacen las avellanas, a las cuales saben y parecen en el sabor, y aun mejor. En España hay mucha noticia de ellas, y muchos las buscan y se hallan bien con ellas.

Hay otras plantas que se llaman ajes, y otras que se llaman batatas, y las unas y las otras se siembran de la propia rama, la cual y las hojas tienen casi como correhuela o yedra tendidas por tierra, y no tan gruesa como la yedra la hoja, y debajo de tierra nacen unas mazorcas como nabos o zanahorias; las ajes tiran a un color como entre morado azul, y las batatas más pardas, y asadas son excelente y cordial fruta, así los ajes como las batatas, pero las batatas son mejores.

Hay asimismo melones que siembran los indios, y se haen tan grandes, que comúnmente son de media arroba, y de una, y más; tan grandes algunos, que un indio tiene qué hacer en llevar una a cuestas; y son macizos, y por de dentro blancos, y algunos amarillos, y tienen gentiles pepitas casi de la manera de las calabazas, y guárdanlos para entre el año; y lo tienen por muy principal mantenimiento y son muy sanos, y cómense cocidos a manera de cachos de calabazas, y son mejores que ellas.

Calabazas y berengenas de España hay muchas, que se han hecho de la simiente de las que llevaron de España; pero las berengenas acertaron en su tierra, y esles tan natural como a los negros Guinea, porque un pie de una berengena muchas veces se hace tan grande como un estado, y mucho más, y comúnmente son las matas de ellas más altas que hasta la cinta, y dan berengenas todo el año en un mismo pie o plantón de ella, sin la mudar, y las que están pequeñas hoy, cógenlas adelante, y nacen otras, y así prosiguiendo de continuo, dan fruto, y lo mismo hacen en aquella tierra los naranjos y higueras.

Hay una fruta que se llaman piñas, que nace en unas plantas como carcos a manera de las zaviras, de muchas pencas, pero más delgadas que las de la zavira, y mayores y espinosas; y de en medio de la mata nace un tallo tan alto como medio estado, poco mas o menos, y grueso como los dos dedos, y encima de él una piña gruesa poco menos que la cabeza de un niño algunas; pero por la mayor parte menores, y llena de escamas por encima, más altas unas que otras, como las tienen las de los piñones; pero no se dividen ni se abren, sino estánse enteras estas escamas en una corteza del grosor de la del melón; y cuando están amarillas, que es dende a un año que se sembraron, están maduras y para comer, y algunas antes; y en el pezón de ellas algunas veces les nacen a esas piñas uno o dos cogollos, y continuamente uno encima en la cabeza de la dicha piña; el cual cogollo no hacen sino ponerle debajo de tierra, y luego prende, y en espacio de otro año hácese de aquel cogollo otra piña, así como es dicho, y aquel cardo en que la piña nace, después que es cogido, no vale nada ni da más fruto; y estas piñas ponen los indios y los cristianos cuando las siembran, a carreras y en orden como cepas de piñas, y huele esta fruta mejor que melocotones, y toda la casa huele por una o dos de ellas, y es tan suave fruta, que creo que es una de las mejores del mundo, y de más lindo y suave sabor y vista, y parecen en el gusto como los melocotones, que mucho sabor tengan de duraznos, y es carnosa como el durazno, salvo que tienen briznas como el cardo, pero muy sutiles, mas es dañosa cuando se continúa a comer para los dientes, y es muy zumosa, y en algunas partes los indios hacen vino de ellas, y es bueno; y son tan sanas, que se dan a dolientes, y les abre mucho el apetito a los que tienen hastío y perdida la gana de comer.

Unos árboles hay en la isla Española espinosos, que al parecer ningún árbol ni planta se podría ver de más salvajez ni tan feo, y según la manera de ellos, yo no me sabría determinar ni decir si son árboles o plantas; hacen unas ramas llenas de unas pencas anchas y disformes, o de muy mal parecer, las cuales ramas primero fué cada una penca como las otras, y de aquellas, endureciéndose y alongándose, salen las otras pencas; finalmente, es de manera que es dificultoso de escribir su forma, y para darse a entender sería necesario pintarse, para que por medio de la vista se comprendiese lo que la lengua falta en esta parte. Para lo que es bueno este árbol o planta es, que majando las dichas pencas mucho, y tendido aquello a manera de emplasto en un paño, y ligando una pierna o brazo con ello aunque esté quebrada en muchos pedazos, en espacio de quince días lo suelda y junta como si nunca se quebrara, y hasta que haya hecho su operación está tan aferrada y asida esta medicina con la carne, que es muy dificultosa de la despegar; pero así como ha curado el mal y hecho su operación, luego ella por sí misma se aparta y despega de aquel lugar donde la habían puesto; y de este efecto y remedio que es dicho, hay mucha experiencia por los muchos que lo han probado (162).

Hay asimismo unas plantas que los cristianos llaman plátanos (163), los cuales son altos como árboles y se hacen gruesos en el tronco como un grueso muslo de un hombre, o algo más, y desde abajo arriba hecha unas hojas longuísimas y muy anchas, y tanto, que tres palmos o más son anchas, y más de diez o doce palmos de longura; las cuales hojas después el aire rompe, quedando entero el lomo de ellas. En el medio de este cogollo, en lo alto, nace un racimo con cuarenta o cincuenta plátanos, y más y menos, y cada plátano es tan luengo como palmo y medio, y de la groseza de la muñeca de un brazo, poco más o menos, según la fertilidad de la tierra donde nacen, porque en algunas partes son muy menores; tienen una corteza no muy gruesa, y fácil de romper, y de dentro todo es médula, que desollado o quitada la dicha corteza, parece un tuétano de una caña de vaca: hase de cortar este racimo así como uno de los plátanos de él, se para amarillo, y después cuélganlo en casa, y allí se madura todo el racimo con sus plátanos. Esta es una muy buena fruta, y cuando los abren y curan al sol, como higos, son después una muy cordial y suave fruta, y muy mejor que los higos pasos muy buenos, y en el horno asados sobre una teja o cosa semejante son muy buena y sabrosa fruta, y parece una conserva melosa y de excelente gusto. Llévanse por la mar, y duran algunos días, y hanse de coger para esto algo verdes, y lo que duran, que son quince días o algo más, son muy mejores en la mar que en la tierra, no porque navegados se les aumente la bondad, sino porque en el mar faltan las otras cosas que en la tierra sobran, y cualquiera fruta es allí más preciada o de más contentamiento al gusto. Este tronco (o cogollo, que se puede decir más cierto) que dió el dicho racimo tarda un año en llevar o hacer esta fruta, y en este tiempo ha echado en torno de sí diez o doce y más y menos cogollos o hijos, tales como el principal, que hacen lo mismo que el padre hizo, así en el dar sendos raci-

(162)   Por la descripción, parece una cactácea.

(163)   Habla del plátano americano, no del *guineo,* pues este último fue importado a La Española por el fraile dominico Fray Tomás de Berlanga, y también se le llama *dominico,* no sabemos si por proceder de Santo Domingo o porque los frailes de esta Orden fueron sus introductores en Indias. El plátano americano se fríe tal como indica Fernández de Oviedo.

mos de esta fruta a su tiempo, como en procrear y engendrar otros tantos hijos, según es dicho. Después que se corta el racimo del fruto, luego se comienza a secar esta planta, y le cortan cuando quieren, porque no sirve de otra cosa sino de ocupar en balde la tierra sin provecho; y hay tantos, y multiplican tanto, que es cosa para no se creer sin verlo: son humedísimos, y cuando alguna vez los quieren arrancar o quitar de raíz de algún lugar donde están, sale mucha cantidad de agua de ellos y del asiento en que estaban, que parece que toda la humedad de la tierra y aguaz de debajo de ella tenían atraída a su cepa y asiento. Las hormigas son muy amigas de estos plátanos, y se ven siempre en ellos gran muchedumbre de ellas por el tronco y ramas de los dichos plátanos, y en algunas partes han sido tantas las hormigas, que por respeto de ellas han arrancado muchos de estos plátanos y echándoles fuera de las poblaciones, porque no se podían valer de las dichas hormigas. Estos plátanos los hay en todo tiempo del año; pero no son por su origen naturales de aquellas partes, porque de España fueron llevados los primeros (164), y hanse multiplicado tanto, que es cosa de maravilla ver la abundancia que hay de ellos en las islas y en Tierra-Firme, donde hay poblaciones de cristianos, y son muy mayores y mejores, y de mejor sabor en aquellas partes que en aquéstas.

Hay unas plantas salvajes que se nacen por los campos, y yo no las he visto sino en la isla Española, aunque en otras islas y partes de las Indias las hay. Llámanse tunas, y nacen de unos cardos muy espinosos, y echan esta fruta que llaman tunas, que parecen brevas o higos de los largos, y tienen unas coronillas como las níspolas (165), y de dentro son muy coloradas, y tienen granillos de la manera que los higos; y así, es la corteja de ellas como la del higo, y son de buen gusto, y hay los campos llenos en muchas partes; y después que se comen tres o cuatro de ellas (y mejor comiendo más cantidad), si el que las ha comido se para a orinar, echa la orina ni más ni menos que verdadera sangre, y en tal manera, que a mí me ha acaecido la primera vez que las comí y desde una hora quise hacer aguas (a lo cual esta

(164)   Aquí hace referencia a la banana dulce, el guineo de que se habla en la nota anterior.
(165)   Nísperos.

fruta mucho incita), que como vi la color de la orina, me puso en tanta sospecha de mi salud, que quedé como atónito y espantado, pensando que de otra causa intrínseca o nueva dolencia me hubiese recrecido; y sin duda la imaginación me pudiera causar mucha pena, sino que fuí avisado de los que conmigo iban, y me dijeron la causa, porque eran personas más experimentadas y antiguas en la tierra (166).

Hay unos tallos, que llaman bihaos (167) que nacen en tierra y echan unas vara derechas y hojas muy anchas, de que los indios se sirven mucho, de esta manera: de las hojas cubren las casas algunas veces, y es muy buena manera de cubrir la casa; algunas veces cuando llueve se las ponen sobre las cabezas y se defienden del agua. Hacen asimismo ciertas cestas, que ellos llaman habas, para meter la ropa y lo que quieren, muy bien tejidas, y en ellas entretejen estos bihaos, por lo cual, aunque llueva sobre ellas o se mojen en un río, no se moja lo que dentro de las dichas cestas hacen de las cortezas de los tallos de los dichos bihaos, y otras hacen de los mismos para poner sal y otras cosas, y son muy gentiles y bien hechas; y demás de esto, cuando en el campo se hallan los indios y les falta mantenimiento, arrancan los bihaos nuevos y comen la raíz o parte de lo que está debajo de tierra, que es tierno y no de mal sabor, salvo de la manera de lo que los juncos tienen tierno y blanco debajo de tierra.

Y pues ya estoy al fin en esta relación de lo que se me acuerda de esta materia, quiero decir otra cosa que me ocurre, y no es fuera de ella; lo que los indios hacen de ciertas cáscaras y cortezas y hojas de árboles que ya ellos conocen y tienen para teñir y dar colores a las mantas de algodón, que ellos pintan de negro y leonado y verde y azul y amarillo y colorado o rojo, tan vivas y subidas cada una, que no puede ser más en perfección, y en una olla, después que las han cocido, sin mudar la tinta, hacen distinción y diferencia de todas las colores que es dicho, y esto creo que está en disposición de la color con que entra lo que se quiere teñir, ora sea en hilo hilado, como pintado en las dichas mantas y cosas donde quieren poner las dichas colores o cualquier de ellas.

(166)   Se refiere al higo chumbo.
(167)   Parece ser el plátano silvestre, que también se escribe *bijao*.

Capítulo LXXXI

Diversas particularidades de cosas

Muchas cosas se podrían decir y muy diferentes de las que están dichas, y de algunas que se van allegando a la memoria, porque no tan enteramente como son y se debrían decir se me acuerda, dejo de ponerlas aquí; pero de las que más puntualmente puedo hablar diré, así como de algunos cojijos (168) que para molestia de los hombres produce la natura, para darles a entender cuán pequeñas y viles cosas son bastantes para los ofender y inquietar, y que no se descuiden del oficio principal para que el hombre fué formado, que es conocer a su Hacedor y procurar cómo se salven, pues tan abierta y clara está la vía a los cristianos y a todos los que quisieren abrir los ojos del entendimiento; y aunque sean algunas de estas cosas asquerosas o no tan limpias para oír como las que están escritas, no son menos dignas de notar para sentir las diferencias y varias operaciones de humana natura, y digo así:

En muchas partes de la Tierra-Firme, así como pasan los cristianos o los indios por los campos, así como hay muchas aguas, siempre andan con zarahuelles (169) arremangados o sueltos, y de las yerbas se les pegan tantas garrapatas, que la sal molida es poco más menuda, y se cuajan o hinchen las piernas de ellas, y por ninguna manera se las pueden quitar ni despegar de las carnes, sino de una forma, que es untándose con aceite; y después que un rato están untadas las piernas o partes donde las tienen, ráenlas con un cuchillo, y así las quitan; y los indios que no tienen aceite chamúscanlas con fuego, y sufren mucha pena en se las quitar.

De los animales pequeños y importunos que se crían en las cabezas y cuerpos de los hombres, digo que los cristianos muy pocas veces los tienen, idos a aquellas partes, sino es alguno uno o dos, y aquesto rarísimas veces; porque después que pasemos por la línea del diámetro, donde las agujas hacen la diferencia del nordestear o noroestear, que es

(168)   Animalillos, bichos.
(169)   Pantalones abolsados, palabra relativamente moderna en tiempos de Fernández de Oviedo, pues Corominas la registra entre 1490 y 1535. Es de origen árabe.

el paraje de las islas de los Azores, muy poco camino más adelante, siguiendo nuestro viaje y navegación para el poniente, todos los piojos que los cristianos llevan suelen criar en las cabezas y cuerpos, se mueren y alimpian, que, como dicho es, ni se ven ni parecen, y poco a poco se despiden, y en las Indias no los crían, excepto algunos niños de los que nacen en aquellas partes, hijos de los cristianos; y comúnmente en las cabezas de los indios naturales todos los tienen, y aun en algunas partes, en especial en la provincia de Cueva, que dura (170) más de cien leguas y comprende la una y otra costa del norte y del sur; los indios se espulgan unos a otros (y en especial las mujeres son las espulgaderas), y todos los que toman se los comen, y aun con dificultad se los podemos excusar y evitar a los indios que en casa nos sirven, que son de la dicha provincia; pero es de notar una cosa grande, que así como los cristianos estamos limpios de esta suciedad en las Indias, así en las cabezas como en las personas, cuando a estas partes de Europa volvemos, así como llegamos por el mar Océano al dicho paraje donde aquesta plaga cesó, según es dicho, como si nos estuviesen esperando, no los podemos por algunos días agotar, aunque se mude hombre dos o tres o más camisas al día, y tan menudísimos casi como liendres, y aunque poco a poco se vayan agotando, en fin tornan los hombres a quedar con algunos, según que antes en estas partes los solían, o según la limpieza de cada uno en este caso; pero no para más ni menos que antes se hacía. Esto he yo muy bien probado, pues ya cuatro veces he pasado el mar Océano y andado este camino.

Entre los indios en muchas partes es muy común el pecado nefando contra natura, y públicamente los indios que son señores y principales que en esto pecan tienen mozos con quien usan este maldito pecado; y los tales mozos pacientes, así como caen en esta culpa, luego se ponen naguas (171), como mujeres, que son unas mantas cortas de algodón, con que las indias andan cubiertas desde la cinta hasta las rodillas, y se ponen sartales y puñetes (172) de cuentas

(170)   Se extiende por.
(171)   *Naguas,* palabra taína que adoptaron los españoles anteponiéndole una *e,* para evitar cacofonía o confusiones. Aparece en 1515.
(172)   Pulseras.

y las otras cosas que por arreo usan las mujeres, y no se ocupan en el uso de las armas, ni hacen cosa que los hombres ejerciten, sino luego se ocupan en el servicio común de las casas, así como barrer y fregar y las otras cosas a mujeres acostumbradas: son aborrecidos estos tales de las mujeres en extremo grado; pero como son muy sujetas a sus maridos, no osan hablar en ello sino pocas veces, o con los cristianos. Llaman en aquella lengua de Cueva a estos tales pacientes camayoa; y así, entre ellos, cuando un indio a otro quiere injuriar o decirle por vituperio que es afeminado y para poco, le llama camayoa.

Los indios en algunas provincias, según ellos mismos dicen, truecan las mujeres con otros, y siempre les parece que gana en el trueco el que la toma más vieja, porque las viejas los sirven mejor.

Son muy grandes maestros de hacer sal de agua salada de la mar, y en esto ninguna ventaja les hacen los que en el dique de Gelanda (173), cenca de la villa de Mediolburgue (174), la hacen, porque la de los indios es tan blanca o más, y es mucho más fuerte o no se deshace tan presto; yo he visto muy bien la una y la otra, y la he visto hacer a los unos y a los otros.

Es opinión de muchos que en aquellas partes debe haber piedras preciosas (no hablo en la Nueva España, porque ya de allí algunas se han visto y traído a España, y en Valladolid, el año pasado de 1524, estando allí vuestra majestad, vi una esmeralda traída de Yucatán o Nueva España, entallando en ella de relieve un rostro redondo, a manera de luna de Plasma (175), la cual se vendió en más de cuatrocientos ducados de buen oro). Pero en Tierra-Firme, en Santa Marta, al tiempo que allí tocó el armada que el Católico rey don Fernando envió a Castilla del Oro, yo salté en tierra con otros, y se tomaron hasta mil y tantos pesos de oro de ciertas mantas y cosas de indios, en que se vieron plasmas de esmeraldas y corniolas (176) y jaspes y calcedonias y zafires blancos y ámbar de roca; todas estas cosas se hallaron donde he dicho, y se cree que de la tierra adentro les

(173)   Zelanda, Zeeland en holandés.
(174)   Middelburg.
(175)   Más bien debió ser jade o turquesa, que sí pueden ser labradas como el texto dice.
(176)   Cornalinas.

debía venir por trato y comercio que con otras gentes de aquellas partes deben tener; porque naturalmente todos los indios generalmente, más que todas las gentes del mundo, son inclinados a tratar y a trocar y baratar unas cosas con otras; y así, de unas partes se llevan adonde carecen de ella, y les dan oro o mantas o algodón hilado, o esclavos o pescado, o otras cosas; y en el Cenú, que es una provincia de indios flecheros caribes, que confina con la provincia de Cartagena, y está entre ella y la punta de Caribana, cierta gente que allí envió una vez Pedrarias de Avila, gobernador de Castilla del Oro por vuestra majestad, fueron desbaratados, y mataron al capitán Diego de Bustamante y a otos cristianos, y éstos hallaron allí muchos cestos del tamaño de estos banastos que se traen de la montaña de Vizcaya con besugos; los cuales estaban llenos de cigarras y langostas y grillos; y decían los indios que allí fueron presos que los tenían para los llevar a otras tierras adentro, apartadas de la costa de la mar, donde no tienen pescado, y estiman mucho aquel majar para lo comer, en precio del cual daban y traían de allá otras cosas de que estotros tenían necesidad y las estimaban en mucho, y los de acullá tenían mucha cantidad de las cosas que les daban a trueco (177) o en precio de las dichas cigarras y grillos.

Capítulo LXXXII

De las minas del oro

Aquesta particularidad de minas es cosa mucho para notar, y puedo yo hablar en ellas mejor que otro, porque ha doce años que en la Tierra-Firme sirvo de veedor de las fundiciones del oro y de veedor de minas, al Católico rey don Fernando, que en gloria está, y a vuestra majestad, y de esta causa he visto muy bien cómo se saca el oro y se labran las minas, y sé muy bien cuán riquísima es aquella tierra, y he hecho sacar oro para mí con mis indios y esclavos; y puedo afirmar como testigo de vista que en ninguna parte de Castilla del Oro, que es en Tierra-Firme, me pedirá minas de oro, que yo deje de ofrecerme a las dar descubiertas dentro de diez leguas de donde se me pidieron y muy ricas,

(177)   Trueque o cambio.

pagándome la costa del andarlas a buscar, porque aunque por todas partes se halla oro, no es en toda parte de seguirlo, por ser poco, y haber mucho más en un cabo que en otro, y la mina o venero que se ha de seguir ha de ser en parte que, según la costa se pusiere de gente y otras cosas necesarias en buscar, que se pueda sacar la costa, y demás de eso, se saque alguna ganancia, porque de hallar oro en las más partes, poco o mucho, no hay duda. El oro que se saca en la dicha Castilla del Oro es muy bueno y de veinte y dos quilates y dende (178) arriba; y demás de lo que de las minas se saca, que es de mucha cantidad, se han habido y cada día se han muchos tesoros de oro, labrados, en poder de los indios que se han conquistado y de los que de grado o por rescate y como amigos de los cristianos lo han dado, alguno de ello muy bueno; pero la mayor parte de este oro labrado que los indios tienen es encobrado, y hacen de ello muchas cosas y joyas, que ellos y ellas traen sobre sus personas, y es la cosa del mundo que comúnmente más estiman y precian. La manera de cómo el oro se saca es de esta forma, que o lo hallan en sabana o en el río. Sabana (179) se llaman los llanos y vegas y cerros que están sin árboles, y toda tierra rasa con yerba o sin ella; pero también algunas veces se halla el oro en la tierra fuera del río en lugares que hay árboles, y para lo sacar cortan muchos y grandes árboles; pero en cualquiera de estas dos maneras que ello se halla, ora sea en el río o quebrada de agua o en tierra, diré en ambas maneras lo que pasa y se hace en esto. Cuando alguna vez se descubre la mina o venero de oro es buscando y dando caras en las partes que a los hombres mineros y expertos en sacar oro les parece que lo puede haber, y si lo hallan, siguen la mina y lábranlo en río o sabana, como dicho es; y siendo en sabana, limpian primero todo lo que está sobre tierra, y cavan ocho o ciez pies en luengo, y otros tantos, o más o menos en ancho, según al minero le parece, hasta un palmo o dos de hondo y igualmente sin ahondar más lavan todo aquel lecho de tierra que hay en el espacio que es dicho; y si en aquel peso que es dicho se hallan oro, síguenlo; y si no, ahondan más otro palmo y lávanlo, y si tampoco lo hallan, ahondan más y más hasta que poco a

(178) *Dende,* de allí para...
(179) Palabra taína de Haití, que ya se usa en 1515 y significa llanura lisa.

162

poco, lavando la tierra, llegan a la peña viva; y si hasta ella no topan oro, no curan de seguirlo ni buscarlo más allí, y vanlo a buscar a otra parte; pero donde lo hallan, en aquella altura o peso, sin ahondar más, en aquella igualdad que se topa siguen el ejercicio de lo sacar hasta labrar toda la mina que tiene el que la halla, si la mina le parece que es rica; y esta mina ha de ser de ciertos pies o pasos en luengo, según límite que en esto y en el anchura que ha de tener la mina ya está determinado y ordenado que haya de terreno; y en aquella cantidad ningún otro puede sacar oro, y donde se acaba la mina del que primero halló el oro, luego a par de aquél puede hincar estacas y señalar mina para sí el que quisiere. Estas minas de sabanas o halladas en tierra siempre han de buscarse cerca de un río o arroyo o quebrada de agua o balsa o fuente, donde se pueda labrar el oro, y ponen ciertos indios a cavar la tierra, que llaman escopetar; y cavada, hinchan bateas de tierra, y otros indios tienen cargo de llevar las dichas bateas hasta donde está el agua do se ha de lavar esta tierra; pero los que las bateas de tierra llevan no las lavan, sino tornan por más tierra, y aquélla que han traído dejan en otras bateas que tienen en las manos los lavadores, los cuales son por la mayor parte indias, porque el oficio es de menos trabajo que lo demás; y estos lavadores están asentados orilla del agua, y tienen los pies hasta cerca de las rodillas o menos, según la disposición de donde se asientan, metidos en el agua, y tienen en las manos la batea, tomada por dos asas o puntas para la asir (que la batea tiene), y moviéndola, y tomando agua, y poniéndola a la corriente con cierta maña, que no entra del agua más cantidad en la batea de la que el lavador ha menester, y con la misma maña echándola fuera, el agua que sale de la batea roba poco a poco y lleva tras sí la tierra de la batea, y el oro se abaja a lo hondo de la batea, que es cóncava y del tamaño de un bacín de barbero, y casi tan honda; y desque toda la tierra es echada fuera, queda en el suelo de la batea el oro, y aquél pone aparte, y torna a tomar más tierra y lavarla, etc. E así de esta manera continuando cada lavador, saca al día lo que Dios es servido que saque, según le place que sea la ventura del dueño de los indios y gente que en este ejercicio se ocupan; y hace de notar que para un par de indios que lavan son menester dos personas que sirvan de tierra a cada uno de ellos, y dos otros que escopeten y rompan y

163

caven, y hinchan las dichas bateas de servicio, porque así se llaman, de servicio, las bateas en que se lleva la tierra hasta los lavadores; y sin esto, es menester que haya otra gente en la estancia donde los indios habitan y van a reposar la noche, la cual gente labre pan y haga los otros mantenimientos con que los unos y los otros se han de sostener. De manera que una batea es, a lo menos en todo lo que es dicho, cinco personas ordinariamente. La otra manera de labrar mina en río o arroyo de agua se hace de otra manera, y es que echando el agua de su curso en medio de la madre, después que está seco y la han xamurado (que en lengua de los que son mineros quiere decir agotado, porque xamurar es agotar) hallan oro entre las peñas y hoquedades y resquicios de las peñas y en aquello que estaba en la canal de la dicha madre del agua y por donde su curso natural hacía; y a las veces, cuando una madre de éstas es buena y acierta, se halla mucha cantidad de oro en ella. Porque ha de tener vuestra majestad por máxima, y así parece por el efecto, que todo el oro nace en las cumbres y más alto de los montes, y que las aguas de las lluvias poco a poco con el tiempo lo trae y abaja a los ríos y quebradas de arroyos que nacen de las sierras, no obstante que muchas veces se halla en los llanos que están desviados de los montes; y cuando esto acaece, mucha cantidad se halla por todo aquello, pero por la mayor parte y más continuadamente se halla en las faldas de los cerros y en los ríos mismos y quebradas; así que de una de estas dos maneras se saca el oro.

Para consecuencia del nacer el oro en lo alto y bajarse a lo bajo se ve un indicio grande que lo hace creer, y es aquéste. El carbón nunca se pudre debajo de tierra cuando es de madera recia, y acaece que labrando la tierra en la falda del cerro o en el comedio o otra parte de él, y rompiendo una mina en tierra virgen, y habiendo ahondado uno, y dos, y tres estados, o más, se hallan allá debajo en el peso que hallan el oro, y antes que le topen también; pero en tierra que se juzga por virgen y lo está, así para se romper y cavar algunos carbones de leña, los cuales no pudieron allí entrar, según natura, sino en el tiempo que la superficie de la tierra era en el peso que los dichos carbones hallan, y derribándolos el agua de lo alto, quedaron allí, y como después llovió otras innumerables veces, como es de creer, cayó de lo alto más y más tierra, hasta tanto que no por discurso de años fue creciendo la tierra sobre los carbones aquellos estados o cantidad que hay al presente, que se labran las minas desde la superficie hasta donde se topan con los dichos carbones.

Digo más, que cuanto más ha corrido el oro desde su nacimiento hasta donde se halló, tanto más está liso y purificado y de mejor quilate y subido, y cuanto más cerca está de la mina o vena donde nació, tanto más crespo y áspero le hallan y de menos quilates, y tanto más parte de él se menoscaba o mengua el tiempo de fundirlo y más agrio está. Algunas veces se hallan granos grandes y de mucho peso sobre la tierra, y a veces debajo de ella.

El mayor de todos los que hasta hoy en aquestas Indias se ha visto fué el que se perdió en la mar, cerca de la isla de la Beata, que pesaba tres mil doscientos castellanos, que son una arroba y siete libras, o treinta y dos libras de diez y seis onzas, que son sesenta y cuatro marcos de oro; pero otros muchos se han hallado, aunque no de tanto peso.

Yo vi el año de 1515 en poder del tesorero de vuestra majestad, Miguel de Pasamonte, dos granos, que el uno pesaba siete libras, que son catorce marcos, y el otro de diez marcos, que son cinco libras, y de muy buen oro de veinte y dos quilates o más.

Y pues aquí se trata del oro, paréceme que antes de pasar adelante y que se hable en otra cosa, se diga cómo los indios saben muy bien dorar las piezas de cobre o de oro muy bajo; lo cual ellos hacen, y les dan tan excelente color y tan subida, que parece que toda la pieza que así doran es de tan buen oro como si tuviese veinte y dos quilates o más. La cual color ellos le dan con ciertas yerbas, y tal, que cualquiera platero de los de España o de Italia, o donde más expertos los hay, se tendría el que así los supiese hacer, por muy rico con este secreto o manera de dorar. Y pues de las minas se ha dicho asaz por menudo la verdad, y particular manera que se tiene en sacar el oro, en lo que toca al cobre, digo que en muchas parte de las dichas islas y Tierra-Firme de estas Indias, se ha hallado, y cada día lo hallan, en gran cantidad y muy rico; pero no se curan hasta ahora de ello, no lo sacan, puesto que en otras partes sería muy grande tesoro la utilidad y provecho que del cobre se podría haber; pero como hay oro, lo más priva a lo menos, y no se curan de esotro metal. Plata, y muy buena y mucha, se halla en la

Nueva España; pero, como al principio de este repertorio dije, yo no hablo en cosa alguna de aquella provincia al presente; pero todo está puesto y escrito por mí en la *General historia de las Indias*.

Capítulo LXXXIII

De los pescados y pesquerías

En Tierra-Firme los pescados que hay, y yo he visto, son muchos y muy diferentes; y pues de todos no será posible decirse aquí, diré de algunos; y primeramente digo que hay unas sardinas anchas y las colas bermejas, excelente pescado y de los mejores que allá hay. Mojarras, diahacas, jureles, dahaos, rajas, salmonados; todos éstos, y otros muchos cuyos nombres no tengo en memoria, se toman en los ríos en grandísima abundancia, y asimismo camarones muy buenos; pero en la mar asismismo se toman algunos de los de suso nombrados, y palometas, y acedias, y pargos, y lizas, y pulpos, y doradas, y sábalos muy grandes, y langostas, y jaibas, y ostias, y tortugas grandísimas, y muy grandes tiburones, y manatíes, y morenas, y otros muchos pescados, y de tanta diversidad y cantidad de ellos, que no se podría expresar sin mucha escritura y tiempo para lo escribir; pero solamente especificaré aquí, y diré algo más largo, lo que toca a tres pescados que de suso se nombraron, que son: tortuga, tiburón y el manatí. E comenzando del primero, digo que en la isla de Cuba se hallan tan grandes tortugas, que diez y quince hombres son necesarios para sacar del agua una de ellas; esto he oído yo decir en la misma isla a tantas personas de crédito, que lo tengo por mucha verdad; pero lo que yo puedo testificar de vista de las que en Tierra-Firme se matan, yo la he visto en la villa de Acla, que seis hombres tenían bien qué llevar en una, y comúnmente las menores es harta carga una de ellas para dos hombres; y aquella que he dicho que vi llevar a seis, tenía la concha de ella por la mitad del lomo, siete palmos de vara de luengo, y más de cinco en ancho o por el través de ella. Tómanlas de esta manera: a veces acaece que caen en las grandes redes barrederas algunas tortugas, pero de la manera que se toman en cantidad es cuando las tortugas se salen de la mar a desovar o a pacer fuera por las playas; y así como los cristianos o los indios topan el rastro de ellas en el arena, van por él: y en topándola, ella echa a huir para el agua; pero como es pesada, alcánzanla luego con poca fatiga, y pónenlas un palo entre los brazos, debajo, y trastórnanlas de espaldas así como van corriendo, y la tortuga se queda así que no se puede tornar a enderezar, y dejada así, si hay otro rastro de otra o otras, van a hacer lo mismo, y de esta forma toman muchas donde salen, como es dicho. Es muy excelente pescado y de muy buen sabor y sano.

El segundo pescado de los tres que de suso se dijo, se llama tiburón; éste es grande pescado y muy suelto en el agua, y muy carnicero, y tómanse muchos de ellos, así caminando las naves a la vela por el mar Océano, como surgidas y de otras maneras, en especial los pequeños; pero los mayores se toman navegando los navíos, en esta forma: que como el tiburón ve las naos, las sigue y se va tras ellas, comiendo la basura y inmundicias que de la nao se echan fuera, y por cargada de velas que vaya la nao, y por próspero tiempo que lleve, cual ella lo debe desear, le va siempre el tiburón a la par, y le da en torno muchas vueltas, y acaece seguir a la nao ciento y cincuenta leguas, y más; y así, podría todo lo que quisiese; y cuando lo quiren matar, echan por popa de la nao un anzuelo de cadena tan grueso como el dedo pulgar, y tan luengo como tres palmos, encorvado, como suelen estar los anzuelos, y las orejas de él a proporción de la groseza, y al cabo del asta del dicho anzuelo, cuatro o cinco eslabones de hierro gruesos, y del último atado un cabo de una cuerda, grueso como dos veces o tres el dicho anzuelo, y ponen en él un pieza de pescado o tocino, o carne cualquiera, o parte del asadura de otro tiburón si le han muerto porque en un día yo he visto tomar nueve, y si se quisieran tomar más, también se pudiera hacer; y el dicho tiburón, por mucho que la nao corra, la sigue, como es dicho, y trágase todo el dicho anzuelo, y de la sacudida de la fuerza de él mismo, y con la furia que va la nao, así como traga el cebo y se quiere desviar, luego el anzuelo se atraviesa, y le pasa y sale por una quijada la punta de él, y prendido, son algunos de ellos tan grandes, que doce, y quince hombres, o más, son necesarios para lo guindar y subir en el navío, y metido en él, un marinero le da con el cotillo de una hacha en la cabeza grandes golpes, y lo acaba de matar; son tan grandes, que algunos pasan de diez, y doce pies, y más, y en la groseza, por lo más ancho tiene cinco, y seis, y siete palmos, y tienen muy gran boca, a proporción del cuerpo, y en ella dos órdenes de dientes en torno, la una distinta de la otra algo, y muy espesos y fieros los dientes; y muerto, hácenlo lonjas delgadas, y ponénlas a enjugar dos o tres o más días, colgadas por las jarcias del navío al aire, y después se las comen. Es buen pescado, y gran bastimento para muchos días en la nao, por su grandeza; pero los mejores son los pequeños, y más sanos y tiernos; es pescado de cuero, como los cazones y tollos; los cuales, y el dicho tiburón, paren otros sus semejantes, vivos; y esto digo porque el Plinio ninguno de aquestos tres puso en el número de los pescados que dice en su *Historia natural* que paren. Estos tiburones salen de la mar, y súbense por los ríos, y en ellos no son menos peligrosos que los lagartos grandes de que atrás se dijo largamente; porque también los tiburones se comen los hombres y las vacas y yeguas, y son muy peligrosos en los vados o partes de los ríos donde una vez se ceban. Otros pescados, muchos, y muy grandes y pequeños, y de muchas suertes, se toman desde los navíos corriendo a la vela, de lo cual diré tras el manatí, que es el tercero de los tres que dije de suso que expresaría.

El manatí es un pescado de mar, de los grandes, y mucho mayor que el tiburón en groseza y de luengo, y feo mucho, que parece una de aquellas odrinas grandes (180) en que se lleva mosto en Medina del Campo y Arévalo; y la cabeza de este pescado es como de una vaca, y los ojos por semejante, y tiene unos tocones gruesos en lugar de brazos, con que nada, y es animal muy mansueto, y sale hasta la orilla del agua, y si desde ella puede alcanzar algunas yerbas que estén en la costa en tierra, pácelas; mátanlos los ballesteros, y asimismo a otros muchos muy buenos pescados, con la ballesta, desde una barca o canoa, porque andan someros de la superficie del agua; y como lo ven, dánle una saetada con un arpón, y el tiro o arpón con que le dan, lleva una cuerda delgada o traílla de hilo muy sutil y recio, alquitranado; y vase huyendo, y en tanto el ballestero da cordel, y echa muchas brazas de él fuera, y en el fin del hilo un

(180)   Odres de gran tamaño.

corcho o palo, y desque ha andado bañando la mar de sangre, y está cansado, y vecino a la fin de la vida, llégase él mismo hacia la playa o costa, y el ballestero va cogiendo su cuerda, y desque le quedan siete o diez brazas, o poco más o menos, tira del cordel hacia la tierra, y las ondas del agua le ayudan a encallarse más, y entonces el dicho ballestero y los que le ayudan acábanle de echar en tierra; y para lo llevar a la ciudad o adonde lo han de pesar, es menester una carreta y un par de bueyes, y a las veces dos pares, según son grandes estos pescados. Asimismo, sin que se llegue a la tierra, lo meten en la canoa, porque como se acaba de morir, se sube sobre el agua: creo que es uno de los mejores pescados del mundo en sabor, y el que más parece carne; y en tanta manera en la vista es próximo a la vaca, que quien no le hubiere visto entero, mirando una pieza de él cortada, no se sabrá determinar si es vaca o ternera, y de hecho lo tendrían por carne, y se engañaran en esto todos los hombres del mundo; y asimismo el sabor es de muy excelente ternera propiamente, y la cecina de él muy especial, y se tiene mucho; ninguna igualdad tiene, ni es tal, con gran parte, el sollo de estas partes.

Estos manatíes tienen una cierta piedra o hueso en la cabeza, entre los sesos o meollo, la cual es muy útil para el mal de la ijada, y muélenla después de haberla muy bien quemado, y aquel polvo molido tómase cuando el dolor se siente, por la mañana en ayunas, tanta parte como se podrá coger con una blanca de a maravedí, en un trago de muy buen vino blanco; y bebiéndolo así tres o cuatro mañanas, quítase el dolor, según algunos que lo han probado me han dicho; y como testigo de vista, digo que he visto buscar esta piedra con gran diligencia a muchos para el efecto que he dicho.

Otros pescados hay casi tan grandes como los manatíes, que se llaman pez vihuela, que traen en la parte alta o hocico una espada, que por ambos lados está llena de dientes muy fieros, y es esta espada de una cosa propia suya, durísima y muy recia, y de cuatro a cinco palmos de luengo, y así a proporción de la longueza, es la anchura; y hay estos pescados desde tamaños como una sardina o menos, hasta que dos pares de bueyes tienen harta carga en uno de ellos en una carreta.

Mas, pues me ofrecí de suso de decir de otros pescados

que se matan asimismo por la mar navegando los navíos, no se olviden las toñinas, que son grandes y buenos pescados, las cuales se matan con fisgas y arpones arrojados cuando ellas pasan cerca de los navíos; y asimismo de la misma manera matan muchas doradas, que es un pescado de los buenos que hay en la mar. Noté en aquel grande mar Océano una cosa, que afirmarán todos los que a las Indias han ido; y es, que así como en la tierra hay provincias fértiles y otras estériles, de la misma manera en la mar acaece, que algunas veces corren los navíos cincuenta, y ciento, y doscientas, y más leguas, sin poder tomar un pescado o verle, y en otras partes de aquel mar Océano se ve la mar hirviendo de pescados, y se matan muchos de ellos.

Quédame de decir de una volatería de pescados, que es cosa de oír, y es así: cuando los navíos van en aquel grande Océano siguiendo su camino, levántanse de una parte y otras muchas manadas de unos pescados, como sardinas el mayor, y de aquesta grandeza para abajo, disminuyendo hasta ser muy pequeños algunos de ellos, que se llaman peces voladores, y levántanse a manadas en bandas o lechigadas, y en tanta muchedumbre, que es cosa de admiración, y a veces se levantan pocos; y como acaece, de un vuelo van a caer cien pasos, y a veces algo más y menos, y algunas veces caen dentro de los navíos. Yo me acuerdo que una noche, estando la gente toda del navío cantando la salve, hincados de rodillas en la más alta cubierta de la nao, en la popa, atravesó cierta banda de estos pescados voladores, y íbamos con mucho tiempo corriendo, y quedaron muchos de ellos por la nao, y dos o tres cayeron a par de mí, que yo tuve en las manos vivos, y los pude muy bien ver, y eran luengos del tamaño de sardinas, y de aquella groseza, y de las quijadas les salían sendas cosas, como aquellas con que nadan los pescados acá en los ríos, tan luengas como era todo el pescado, y éstas son sus alas; y en tanto que éstas tardan de se enjugar con aire cuando saltan del agua a hacer aquel vuelo, tanto se puede sostener en el aire; pero aquellas enjutas, que es a lo más en el espacio o trecho que es dicho, caen en el agua, y tórnanse a levantar y hacer lo mismo, o se quedan y lo dejan; pero en el año de 1515 años, cuando la primera vez yo vine a informar a vuestra majestad de las cosas de las Indias, y fuí en Flandes, luego el año siguiente, al tiempo de su bienaventurada sucesión en estos sus reinos de Castilla y Aragón, en aquel camino corriendo yo con la nao, cerca de la isla Bermuda que por otro nombre se llama la Garza, y es la más lejos isla de todas las que hoy se saben en el mundo, que más lejos está de otra ninguna isla o tierra-firme, y llegué de ella hasta estar en ocho brazas de agua, y a tiro de lombarda de ella; y determinado de hacer saltar en tierra alguna gente a saber lo que hay allí, y aun para hacer dejar en aquella isla algunos puercos vivos de los que yo traía en la nao para el camino, porque se multiplicasen allí; pero el tiempo saltó luego al contrario, y hizo que no pudiésemos tomar la dicha isla, la cual puede ser de longitud doce leguas, y de latitud seis, y tendrá hasta treinta leguas de circuito, y está en treinta y tres grados de la banda de Santo Domingo, hacia la parte de septentrión; y estando por allí cerca, vi un contraste de estos peces voladores y de las doradas y de las gaviotas, que en verdad me parece que era la cosa de mayor placer que en mar se podía ver de semejantes cosas. Las doradas iban sobreaguadas, y a veces mostrando los lomos, y levantaban estos pescadillos voladores, a los cuales seguían por los comer, lo cual huían con el vuelo suyo, y las doradas perseguían corriendo tras ellos a do caían; por otra parte, las gaviotas o gavinas en el aire tomaban muchos de los peces voladores; de manera que ni arriba ni abajo no tenían seguridad; y este mismo peligro tienen los hombres en las cosas de esta vida mortal, que ningún seguro hay para el alto ni bajo estado de la tierra; y esto sólo debería bastar para que los hombres se acuerden de aquella segura folganza (181) que tiene Dios aparejada para quien le ama, y quitar los pensamientos del mundo, en que tan aparejados están los peligros, y los poner en la vida eterna, en que está la perpetua seguridad.

Tornando a mi historia, estas aves eran de la isla Bermuda que he dicho, y cerca de ella vi esta volatería extraña, porque aquestas aves no se apartan mucho de tierra, ni podían ser de otra tierra alguna.

Capítulo LXXXIV

De la pesquería de las perlas

Pues que se ha dicho de algunas cosas que no son de tanta estimación o precio como las perlas, justo me parece

(181)   Holganza, descanso.

que diga la manera de cómo se pescan, y es así: en la costa del norte, en Cubagua y Cumaná, que es donde aquesto más se ejercita, según plenariamente yo fuí informado de indios y cristianos, dicen que salen de aquella isla de Cubagua muchos indios, que allí están en cuadrillas de señores particulares, vecinos de Santo Domingo y San Juan, y en una canoa o barca vanse por la mañana cuatro o cinco o seis, o más, y donde les parece o saben ya que es la cantidad de las perlas, allí se paran en el agua, y échanse para abajo a nado los dichos indios, hasta que llegan al suelo, y queda en la barca uno, la cual tiene queda todo lo que él puede, atendiendo que salgan los que han entrado debajo del agua, y después que gran espacio ha estado el indio así debajo, sale fuera encima del agua, y nadando se recoge a su barca, y presenta y pone en ellas las ostias (182) que saca, porque en ostias se hallan las dichas perlas, y descansa un poco, y come algún bocado, y después torna a entrar en el agua y está allá lo que puede, y torna a salir con las ostias que ha tornado a hallar, y hace lo que primero, y de esta manera todos los demás que son nadadores para este ejercicio, hacen lo mismo; y cuando viene la noche, y les parece tiempo de descansar, vanse a la isla a su casa, y entregan las dichas ostias al mayordomo de su señor, que de los dichos indios tiene cargo; y aquel hácelas dar de cenar, y pone en cobro las dichas ostias; y cuando tiene copia, hace que las abran, en cada un hallan las perlas o aljófar, dos, y tres, y cinco, y seis, y muchos más granos, según natura allí los puso, y guárdanse las perlas y aljófar que en las dichas ostias se hallan, y cómense las ostias si quieren, o échanlas a mal, porque hay tantas, que aborrecen, y todo lo que sobra de semejantes pescados enoja, cuanto más que ellas son muy duras, y no tan buenas para comer como las de España. Esta isla de Cubagua, donde aquesta pesquería está, es en la costa del norte, y no es mayor de lo que es Gelanda, pero es tamaña. Algunas veces que la mar anda más alta de lo que los pescadores y ministros de esta pesquería de perlas querrían, y también porque naturalmente cuando un hombre está en mucha hondura debajo del agua (como lo he yo muy bien probado), los pies se levantan para arriba, y con dificultad pueden estar en tierra debajo del agua luengo

(182) Ostras.

espacio: en esto proveen los indios, con echarse sobre los lomos dos piedras, una al un costado, y otra al otro, asidas de una cuerda, y él en medio, y déjase ir para abajo, y como las piedras son pesadas, hácenle estar debajo en el suelo quedo, pero cuando le parece y quiere subirse, fácilmente puede desechar las piedras y salirse; pero no es aquesto que está dicho lo que puede maravillar de la habilidad que los indios tienen para ese ejercicio, sino que muchos de ellos se están debajo el agua una hora, y algunos más tiempo, y menos, según que cada uno es apto y suficiente para esta hacienda. Otra cosa grande me ocurre, y es, que preguntando yo muchas veces a algunos señores de los indios que andan en esta pesquería, si se acaban las pesquerías de perlas, pues que es pequeño el sito donde se toman, todos me respondieron que se acababan en una parte y se iban a pescar a otra, al otro costado o viento contrario, y que después que también acullá se acababan, se tornan al primero lugar o alguna de aquellas partes donde primero habían pescado, y dejádolo por agotado de perlas, y que lo hallaban tan lleno como si nunca allí hubieran sacado cosa alguna; de que se infiere y puede sospechar que, o son de paso estas ostias, como lo son otros pescados, o nacen y se aumentan y producen en lugar señalado. Aquesta Cumaná y Cubagua, donde aquesta pesquería de perlas que he dicho se hace, está en doce grados de la parte que la dicha costa mira al norte o septentrión.

Asimismo se toman y hallan muchas perlas en la mar austral del Sur, y muy mayores en la isla de las Perlas, que los indios llaman Terarequi, que es en el golfo de San Miguel, y allí han parecido mayores perlas mucho, y de más precio que en esta otra costa del norte, en Cumaná, ni en otra parte de ella: digo esto como testigo de vista, porque en aquella mar del Sur yo he estado, y me he informado muy particularmente de lo que toca a estas perlas.

De esta isla de Terarequi es una perla pera, de treinta y un quilates, que hubo Pedrarias en mil y tantos pesos, la cual se hubo cuando el capitán Gaspar de Morales, primo del dicho Pedarias, pasó a la dicha isla en el año de 1515 años; la cual perla vale muchos más dineros.

De aquella isla también es una perla redondísima que yo traje de aquella mar, tamaña como un bodoque pequeño, y pesa veinte y seis quilates; y en la ciudad de Panamá, en la mar del Sur, di por esta perla seiscientos y cincuenta pesos de buen oro, y la tuve tres años en mi poder, y después que estoy en España la vendí al conde Nansao, marqués de Cenete, gran camarlengo de vuestra majestad; el cual la dió a la marquesa del Cenete, doña Mencía de Mendoza, su mujer; la cual perla creo yo que es una de las mayores, o la mayor de todas las que en estas partes se han visto, redonda; porque ha de saber vuestra majestad que en aquella costa del sur antes se hallarán cien perlas grandes de talle de pera que un redonda grande. Está esta dicha isla de Terarequi, que los cristianos la llaman la isla de las Perlas, y otros la dicen isla de Flores, en ocho grados, puesta a la banda o parte austral, o del sur de la Tierra-Firme, en la provincia de Castilla del Oro. En estas dos partes que he dicho de la una costa y otra de Tierra-Firme, es donde hasta ahora se pescan las perlas; pero también he sabido que en la provincia y islas de Cartagena hay perlas; y pues vuestra majestad manda que vaya a le servir allí de su gobernador y capitán, yo me tengo cuidado de las hacer buscar, y no me maravillo que allí se hallen asimismo, porque los que aquesto me han dicho no hablan sino por oídos de los mismos indios de aquella tierra, que se las han enseñando dentro en el pueblo y puerto del cacique Carex, que es el principal de la isla de Codego, que está en la boca del puerto de la dicha Cartagena, la cual en lengua de los indios se llama Coro; la cual isla y puerto están a la banda del norte de la costa de Tierra-Firme en diez grados.

Capítulo LXXXV

Del estrecho y camino que hay desde la mar del Norte a la mar Austral, que dicen del Sur

Opinión ha sido entre los cosmógrafos y pilotos modernos, y personas que de la mar tienen algún conocimiento, que hay estrecho de agua desde la mar del Sur a la del Norte, en la Tierra-Firme, pero no se ha hallado ni visto hasta ahora; y el estrecho que hay, los que en aquellas partes habemos andado, más creemos que debe ser de tierra que no de agua; porque en algunas partes es muy estrecha, y tanto, que los indios dicen que desde las montañas de la provincia de Esquegna y Urraca, que están entre la una y la otra mar, puesto el hombre en las cumbres de ellas, si mira a la parte septentrional se ve el agua y mares del Norte, de la provincia de Veragua, y que mirando al opósito, a la parte austral o del mediodía, se ve la mar y costa del Sur, y provincias que tocan en ella, de aquestos dos caciques o señores de las dichas provincias de Urraca y Esquegna. Bien creo que si esto es así como los indios dicen, que de lo que hasta el presente se sabe, esto es lo más estrechado de tierra; pero, según dicen que es doblada de sierras y áspero, no lo tengo yo por el mejor camino ni tan breve como el que hay desde el puerto del Nombre de Dios, que está en la mar del Norte, hasa la nueva ciudad de Panamá, que está en la costa y a par del agua de la mar del Sur; el cual camino asimismo es muy áspero y de muchas sierras y cumbres muy dobladas, y de muchos valles y ríos, y bravas montañas y espesísimas arboledas, y tan dificultoso de andar, que sin mucho trabajo no se puede hacer; y algunos ponen por esta parte, de mar a mar, diez y ocho leguas, y yo las pongo por veinte buenas, no porque el camino pueda ser más de lo que es dicho, pero porque es muy malo, según de suso dije; el cual he yo andado dos veces a pie. E yo pongo desde el dicho puerto y villa de Nombre de Dios siete leguas hasta el cacique de Juanaga (que también se llama de Capira), y aun casi ocho leguas, y desde allí otro tanto hasta el río de Chagre, y aun es más camino el de aquesta segunda jornada; así que hasta allí las hago diez y seis leguas y allí se acaba el mal camino; y desde allí a la puente Admirable hay dos leguas, y desde la dicha puente hay otras dos leguas hasta el puerto de Panamá. Así que son veinte leguas por todas a mi parecer; y pues tantas leguas he andado peregrinando por el mundo, y tanto he visto de él, no es mucho que yo acierte en la tasa de tan corto camino, como el que he dicho que hay desde la mar del Norte a la del Sur.

Si, como en nuestro Señor se espera, para la Especería se halla navegación para la traer al dicho puerto de Panamá, como es muy posible, *Deo volente*, desde allí se puede muy fácilmente pasar y traer a estotra mar del Norte, no obstante las dificultades que de suso dije de este camino, como hombre que muy bien le ha visto, y por sus pies dos veces andado el año de 1521 años; pero hay maravillosa disposición y facilidad para se andar y pasar la dicha Especería por la forma que ahora diré: desde Panamá hasta el dicho río de Chagre. hay cuatro leguas de muy buen camino, y que muy a placer le pueden andar carretas cargadas, porque aunque hay algunas subidas, son pequeñas, y tierra desocupada de arboleda, y llanos, y todo lo más de estas cuatro leguas es raso; y llegadas las dichas carretas al dicho río, allí se podría embarcar la dicha especería en barcas y pinazas; el cual río sale a la mar del Norte, a cinco o seis leguas debajo del dicho puerto del Nombre de Dios, y entra la mar a par de una isla pequeña, que se llama isla de Bastimentos, donde hay muy buen puerto. Mire vuestra majestad qué maravillosa cosa y grande disposición hay para lo que es dicho, que aqueste río Chagre, naciendo a dos leguas de la mar del Sur, viene a meterse en la mar del Norte. Este río corre muy recio tan apropiado para lo que es dicho, que no se podría decir ni imaginar ni desear cosa semejante tan al propósito para el efecto que he dicho.

La puente Admirable o Natural, que está a dos leguas del dicho río y otras dos del dicho puerto de Panamá, y en mitad del camino, es de esta manera: que al tiemo que a ella llegamos, sin sospecha de tal edificio ni la ver hasta que está el hombre encima de ella, yendo hacia la dicha Panamá, así como comienza la puente, mirando a la mano derecha ve debajo de sí un río, que desde donde el hombre tiene los pies hasta el agua hay dos lanzas de armas, o más, en hondo o altura, y es pequeña agua, o hasta la rodilla, lo que puede llevar, y de treinta o cuarenta pasos en ancho; el cual río se va a meter en el otro río de Chagre, que primero se dijo; y estando asimismo sobre la dicha puente, y mirando a la parte siniestra, está lleno de árboles y no se ve el agua; pero la puente está, en lo que se pasa, tan ancha como quince pasos, y es luenga hasta setenta o ochenta; y mirando a la parte por donde abajo de ella pasa el agua, está hecho un arco de piedra y peña viva natural, que es cosa mucho de ver, y para maravillarse todos los hombres del mundo de este edificio por la mano de aquel soberano Hacedor del universo. Así que, tornando al propósito de la dicha Especería, digo que cuando a nuestro Señor le plega que en ventura de vuestra majestad se halle por aquella parte y se navegue hasta la conducir a la dicha costa y puerto de Panamá, y de allí se traiga, según es dicho, por tierra y en carros hasta el río de Chagre, y desde allí, por él se ponga en estotra mar del Norte, donde es dicho, y de allí en España, más de siete mil leguas de navegación se ganarán, y con mucho menos peligro de como al presente se navega por la vía que el comendador Fray García de Loaisa, capitán de vuestra majestad, que este presente año partió para la dicha Especería, lo ha de navegar; y de tres partes del tiempo, más de las dos se abreviarán y ganarán por estotro camino; y si algunos de los que lo podrían haber hecho desde la dicha mar del Sur se hubiesen ocupado en buscar desde ella la dicha Especería, yo soy de opinión que habría muchos días que la hubiesen hallado, y hase de hallar sin ninguna duda queriéndola buscar por aquella parte o mar, según la razón de la cosmografía (183).

CAPÍTULO LXXXVI

Conclusión

Dos cosas muy de notar se pueden colegir de este imperio occidental de estas Indias de vuestra majestad, demás de las otras particularidades dichas y de todo lo que más se puede decir, que son de grandísima calidad cada una de ellas. Lo uno es la brevedad del camino y aparejo que hay desde la mar del Sur para la contratación de la Especería, y de las innumerables riquezas de los reinos, y señoríos que con ella confinan, y hay diversas lenguas y naciones extrañas. Lo otro es considerar que innumerables tesoros han entrado en Castilla por causa de estas Indias, y qué es lo que cada día entra, y lo que se espera que entrará, así en oro y perlas como en otras cosas y mercaderías que de aquellas partes continuamente se traen y vienen a vuestros reinos, antes que de ninguna generación extraña sean tratados ni vistos, sino de los vasallos de vuestra majestad, españoles; lo cual, no solamente hace riquísimos estos reinos, y cada día lo serán más, pero aun a los circunstantes redunda tanto provecho y utilidad, que no se podría decir sin muchos renglones y más desocupación de la que yo tengo. Testigos son estos ducados dobles que vuestra majestad por el mundo desparce, y que de estos reinos salen y nunca a ellos tornan;

(183)   En 1534, Fray Tomás de Berlanga escribe a Carlos I, recomendándole el mismo camino.

porque como sea la mejor moneda que hoy por el mundo corre, así como entra en poder de algunos extranjeros, jamás sale; y si a España torna es un hábito disimulado, y bajados los quilates, y mudadas vuestras reales insignias; la cual moneda, si este peligro no tuviese, y no se deshiciese en otros reinos para lo que es dicho, de ningún príncipe del mundo no se hallaría más cantidad de oro en moneda, ni que pudiese ser tanta, con grandísima cantidad de millones y millones de oro como la de vuestra majestad. De todo esto es la causa las dichas Indias, de quien brevemente he dicho lo que me acuerdo.

Sacra, católica, cesárea, real majestad: Yo he escrito en este breve sumario o relación lo que de aquesta natural historia he podido reducir a la memoria, y he dejado de hablar en otras cosas muchas de que enteramente no me acuerdo, ni tan al propio como son se pudieran escribir, ni expresarse tan largamente como están en la general y natural historia de las Indias, que de mi mano tengo escrita, según en el proemio y principio de este repertorio dije; la cual tengo en la ciudad de Santo Domingo de la isla Española. A vuestra majestad humildemente suplico reciba por su clemencia la voluntad con que me muevo a dar esta particular información de lo que aquí he dicho, hasta tanto que en mayor volumen y más plenariamente vea todo esto y lo que de esta calidad tengo notado, si servido fuere, que lo haga escribir en limpio para que llegue a su real actamiento, y desde allí con la misma licencia se pueda divulgar; porque en verdad es una de las cosas muy dignas de ser sabidas y tener en gran veneración, por tan verdaderas y nuevas a los hombres de este primer mundo que Ptolomeo tenía en su cosmografía; y tan apartadas y diferentes de todas las otras historias de esta calidad, que por ser sin comparación esta materia, y tan peregrina, tengo por muy bien empleadas mis vigilias, y el tiempo y trabajos que me ha costado ver y notar estas cosas, y mucho más si con esto vuestra majestad se tiene por servido de tan pequeño servicio, respecto del deseo con que la hace el menor de los criados de la casa real de vuestra sacra, católica, cesárea majestad; que sus reales pies besa.—*Gonzalo Fernández de Oviedo,* alias de Valdés.

INDICE